MANUEL ABRÉGÉ
D'ARITHMÉTIQUE

accompagné d'un

RECUEIL DE PROBLÈMES

Gradués et Variés

SUR TOUTES LES OPÉRATIONS ORDINAIRES DU CALCUL

Et principalement sur le Système métrique

À L'USAGE

DES ÉCOLES DE LA SOCIÉTÉ DE MARIE

NOUVELLE ÉDITION

D. M. I.

LONS-LE-SAUNIER

Chez Gauthier Frères, imprimeurs-libraires.

1872

MANUEL ABRÉGÉ

D'ARITHMÉTIQUE

MANUEL ABRÉGÉ

D'ARITHMÉTIQUE

accompagné d'un

RECUEIL DE PROBLÈMES

Gradués et Variés

SUR TOUTES LES OPÉRATIONS ORDINAIRES DU CALCUL

Et principalement sur le Système métrique

A L'USAGE

DES ÉCOLES DE LA SOCIÉTÉ DE MARIE.

———o—o———

NOUVELLE ÉDITION.

—

D. M. S.

—

LONS-LE-SAUNIER

Chez Gauthier Frères, imprimeurs-libraires.

—

1872

Tout exemplaire non revêtu de la signature ci-dessous, sera réputé contrefait, et tout contrefacteur ou débitant de contrefaçons sera poursuivi selon la rigueur de la loi.

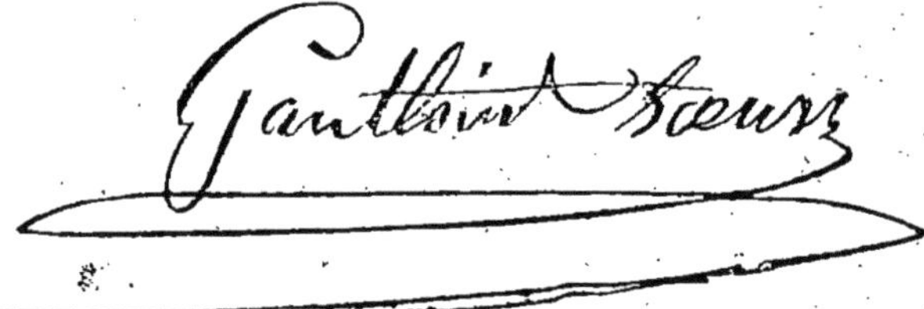

Lons-le-Saunier, imp. de Gauthier frères.

pour FORMER *et* EXPRIMER *tous les nombres possibles au moyen d'une petite quantité de mots ou de caractères appelés chiffres.*

14. *Comment se divise la numération ?*

Elle se divise en *numération parlée* et en *numération écrite.*

Numération parlée.

15. *Qu'est-ce que la numération parlée ?*

La numération parlée est l'art de former et d'énoncer les nombres avec peu de mots.

16. *Comment forme-t-on les nombres entiers ?*

On forme tous les nombres entiers en partant de l'unité ou *un,* ajoutant l'unité à elle-même, puis l'unité au nombre obtenu, et ainsi de suite indéfiniment.

La suite des nombres est illimitée.

17. *Quels sont les neuf premiers nombres ?*

Les neuf premiers nombres sont, par ordre de grandeur :

Un, deux, trois, quatre, cinq, six, sept, huit, neuf.

Ces neuf premiers nombres s'appellent *unités simples* ou du *premier ordre.*

18. *Comment se nomme le nombre qui suit neuf, et que fait-on de ce nombre ?*

Le nombre qui suit neuf s'appelle *dix.*

On fait du nombre *dix* une nouvelle espèce d'unité, nommée *dizaine,* qui vaut dix unités simples : c'est l'unité du *deuxième ordre.*

19. *Comment compte-t-on par dizaines ?*

On compte par dizaines comme par unités simples, depuis une dizaine jusqu'à neuf dizaines.

20. *Comment se nomment ces dizaines ?*

Une dizaine se nomme   *dix ;*

Deux dizaines se nomment *vingt ;*

Trois dizaines   *trente ;*

Quatre dizaines se nomment *quarante* ;
Cinq dizaines *cinquante* ;
Six dizaines *soixante* ;
Sept dizaines *soixante-dix* ;
Huit dizaines *quatre-vingts* ;
Neuf dizaines *quatre-vingt-dix*.

21. *Comment nomme-t-on les nombres compris entre les dizaines ?*

Les nombres compris entre les dizaines se nomment en ajoutant à dix, vingt, trente..... soixante-dix...... quatre-vingt-dix, les noms des neuf premiers nombres.

Il faut en excepter les six nombres qui suivent immédiatement la première dizaine.

Ainsi l'on remplace *dix-un, dix-deux, dix-trois, dix-quatre, dix-cinq, dix-six,* par *onze, douze, treize, quatorze, quinze, seize.*

Mais on dira : *dix-sept, dix-huit, dix-neuf ;*
Vingt-un, vingt-deux.... vingt-neuf ;
Cinquante-un, cinquante-deux.... cinquante-neuf ;
Quatre-vingt-onze..... quatre-vingt-treize, etc.

22. *Jusqu'à quel nombre peut-on compter au moyen des dizaines et des unités ?*

Au moyen des dizaines et des unités, on peut compter jusqu'à quatre-vingt-dix-neuf.

23. *Comment s'appelle le nombre qui suit quatre-vingt-dix-neuf, et que fait-on de ce nombre ?*

Le nombre qui suit quatre-vingt-dix-neuf s'appelle *cent*.

On fait du nombre *cent* une nouvelle espèce d'unité, nommée *centaine*, qui vaut dix dizaines ; c'est l'unité du *troisième ordre*.

24. *Comment compte-t-on par centaines ?*

On compte par centaines comme par dizaines et par unités simples, depuis une centaine jusqu'à neuf centaines. Ainsi l'on dit :

Une *centaine* ou *cent*, *deux centaines* ou *deux cents*... *neuf centaines* ou *neuf cents*.

25. *Comment énonce-t-on les nombres compris entre les centaines?*

Les nombres compris entre les centaines s'énoncent en ajoutant à cent, deux cents... neuf cents, les noms des quatre-vingt-dix-neuf premiers nombres. Ainsi l'on dit :

Cent un, cent deux...... cent quinze...... deux cent vingt..... trois cent trente..... neuf cent quatre-vingt-douze, etc.

26. *Jusqu'à quel nombre peut-on compter au moyen des centaines, des dizaines et des unités?*

Au moyen des centaines, des dizaines et des unités, on peut compter jusqu'à *neuf cent quatre-vingt-dix-neuf.*

27. *Comment se nomme le nombre qui suit neuf cent quatre-vingt-dix-neuf, et que fait-on de ce nombre?*

Le nombre quit sui neuf cent quatre-vingt-dix-neuf se nomme *mille.*

De *mille,* on fait une nouvelle espèce d'unité qui vaut dix centaines : c'est l'unité du *quatrième ordre.*

TROISIÈME LEÇON.

Suite de la numération parlée.

28. *Comment compte-t-on par mille?*

On compte par *unités, dizaines* et *centaines* de *mille,* comme on a compté par unités, dizaines et centaines d'unités simples, c'est-à-dire que les mille comptent trois ordres, savoir : *unités de mille,* 4e ordre ; *dizaines de mille,* 5e ordre ; *centaines de mille,* 6e ordre.

29. *Comment divise-t-on ces six ordres ?*

Ces six ordres forment deux classes : 1° la classe des unités simples ; 2° la classe des mille.

30. *Jusqu'à quel nombre peut-on compter au moyen des mille et des unités ?*

En plaçant après chaque unité de mille, chaque dizaine de mille et chaque centaine de mille, les noms des unités des ordres déjà formés, on arrive au nombre *neuf cent quatre-vingt-dix-neuf mille neuf cent quatre-vingt-dix-neuf.*

31. *Comment se nomme le nombre suivant, et que fait-on de ce nombre ?*

Le nombre qui suit se nomme *million.*

On fait de ce nombre une *troisième classe* qui est, comme toutes les autres, composée de trois ordres, savoir : *unités de millions,* ou du 7ᵉ ordre ; *dizaines de millions,* ou du 8ᵉ ordre ; *centaines de millions,* ou du 9ᵉ ordre.

32. *Que fait-on de mille millions ? — de mille billions ? — de mille trillions ?*

Mille millions forment un *billion,* unité de la *quatrième classe* ; mille billions, un *trillion,* unité de la *cinquième classe* ; mille trillions, un *quatrillion,* unité de la *sixième classe* ; toutes espèces d'unités qui ont leurs dizaines et leurs centaines, comme les unités simples, les mille et les millions.

33. *Quand est-ce qu'un billion prend le nom de milliard ?*

Le billion prend le nom de *milliard* lorsqu'il s'agit de sommes d'argent.

34. *Faites un tableau résumé de la numération parlée ?*

Unités simples,	1ᵉʳ ordre	⎱ 1ʳᵉ classe.
Dizaines d'unités,	2ᵉ —	⎰ (Unités).
Centaines d'unités,	3ᵉ —	

Unités de mille,	4ᵉ ordre		
Dizaines de mille,	5ᵉ —		2ᵉ classe.
Centaines de mille,	6ᵉ —		*(Mille).*
Unités de millions,	7ᵉ —		
Dizaines de millions,	8ᵉ —		3ᵉ classe.
Centaines de millions,	9ᵉ ordre		*(Millions).*

55. *Quel est le principe fondamental, la base et le nom de cette numération ?*

Le principe fondamental de cette numération, c'est que *dix unités d'un ordre quelconque forment une unité de l'ordre immédiatement supérieur.*

La base de ce système est *dix*, et le nom, *système décimal.*

QUATRIÈME LEÇON.

Numération écrite.

56. *Qu'est-ce que la numération écrite ?*

La *numération écrite* est l'art de représenter tous les nombres possibles au moyen de dix caractères appelés *chiffres.*

57. *Comment représente-t-on les unités du premier ordre ?*

On est convenu de représenter les unités du premier ordre par les neuf caractères suivants :

1, 2, 3, 4, 5, 6, 7, 8, 9.

un, deux, trois, quatre, cinq, six, sept, huit, neuf.

58. *Comment représente-t-on les unités de tous les ordres au moyen des mêmes caractères ?*

Pour représenter, au moyen des mêmes caractères, les unités de tous les ordres, on est convenu que le premier chiffre à droite représente des unités simples, et que *tout chiffre placé à la gauche d'un autre représente des unités d'un ordre immédiatement supérieur à celles de cet autre ?*

39. *D'après cette convention, comment écrirait-on quatre-vingt-sept mille cinq cent cinquante-quatre?*

Dans ce nombre, il y a 4 unités simples, 5 dizaines, 5 centaines, 7 mille, 8 dizaines de mille ; on écrirait : 87,554.

40. *Par quoi remplace-t-on les ordres ou les classes d'unités qui manquent dans un nombre à écrire en chiffres?*

On les remplace par le dixième caractère 0, appelé zéro.

41. *Qu'est-ce que le zéro?*

Le zéro est un chiffre sans valeur par lui-même, qui sert à remplacer chaque ordre d'unités manquant dans un nombre, afin de conserver le rang des autres chiffres.

42. *Qu'appelle-t-on chiffres significatifs, et combien ont-ils d'espèces de valeurs?*

Tous les chiffres autres que le zéro se nomment *chiffres significatifs*.

Ils ont deux espèces de valeurs : la *valeur absolue* et la *valeur relative*.

43. *Qu'entend-on par valeur absolue d'un chiffre? — par valeur relative?*

La *valeur absolue* d'un chiffre est celle qu'il doit à sa *forme* étant considéré seul, et la *valeur relative* est celle qu'il doit à son *rang* dans le nombre. Ainsi, par exemple, dans 578, la valeur absolue du 5 est cinq, et sa valeur relative est *cinq cents*, parce qu'il est au rang des centaines.

44. *Quelle est la règle à suivre pour écrire en chiffres un nombre entier?*

Pour écrire en chiffres un nombre entier, *on place successivement, en commençant par la gauche, les chiffres qui expriment combien ce nombre contient de centaines, de dizaines et d'unités de chaque classe, et l'on rem-*

place par un ou plusieurs zéros les unités, les dizaines ou les centaines qui manquent.

D'après cette règle, le nombre vingt-sept millions quarante-deux unités s'écrira : **27 000 042.**

CINQUIÈME LEÇON.

Lecture des nombres entiers.

45. *Comment lit-on facilement un nombre entier écrit en chiffres ?*

Pour lire facilement un nombre entier écrit en chiffres, on commence par la droite à le partager en classes, c'est-à-dire en tranches de trois chiffres chacune, sauf à ne laisser que deux ou même un seul chiffre dans la dernière. Puis, à partir de la gauche, on lit chaque tranche comme si elle était seule, en ayant soin d'ajouter à la suite le nom qui lui convient. Ainsi, 50 000 205 003 se lira : cinquante billions, deux cent cinq mille, trois unités.

46. *Quels changements subit un nombre lorsqu'on écrit à sa droite ou qu'on y supprime un ou plusieurs zéros ?*

En écrivant à la droite d'un nombre *un, deux, trois...* zéros, on le rend *dix, cent, mille...* fois plus grand ; et réciproquement, on le rend *dix, cent, mille...* fois plus petit si l'on supprime à la droite de ce nombre *un, deux, trois...* zéros. EXEMPLE : 54000 est mille fois plus grand que 54, car, dans le premier nombre, les chiffres 5 et 4 ont des valeurs relatives mille fois plus grandes que dans le second.

47. *Change-t-on la valeur d'un nombre entier en écrivant ou en supprimant des zéros à sa gauche ?*

Non, car les unités, les dizaines et les centaines de chaque classe restent toujours au même rang. EXEMPLE : 0054 a la même valeur que 54.

SIXIÈME LEÇON.

Des opérations fondamentales de l'Arithmétique.

48. *Quelles sont les opérations fondamentales de l'arithmétique ?*

Les opérations fondamentales de l'arithmétique sont : l'*addition*, la *soustraction*, la *multiplication* et la *division*.

49. *Que doit-on considérer dans chacune de ces opérations ?*

Dans chacune de ces opérations, on doit considérer :

1º La *définition*, qui fait connaître le but qu'on se propose d'atteindre ;

2º La *règle*, qui indique le moyen le plus simple et le plus prompt pour arriver au but proposé ;

3º L'*exemple*, qui n'est que l'application de la règle ;

4º La *démonstration*, qui prouve que la règle est parfaitement conforme à la définition ;

5º L'*usage*, qui indique dans quel cas l'opération doit être employée ;

6º La *preuve*, qui consiste dans une seconde opération que l'on fait pour s'assurer, autant que possible, que l'on ne s'est pas trompé dans la première.

50. *Qu'est-ce qu'un problème ?*

Un *problème* est l'énoncé d'une question dans laquelle il s'agit de trouver un ou plusieurs nombres inconnus, en opérant sur des nombres donnés.

51. *Qu'est-ce que la solution d'un problème ?*

La *solution* d'un problème est la suite des raisonnements et des opérations que l'on fait pour arriver au résultat demandé.

On donne quelquefois ce nom au résultat lui-même.

SEPTIÈME LEÇON.

De l'Addition.

52. *Qu'est-ce que l'addition ?*

L'ADDITION *est une opération par laquelle on réunit plusieurs nombres de même espèce en un seul appelé* SOMME *ou* TOTAL.

53. *Que faut-il savoir pour être en état d'additionner facilement ?*

Pour être en état d'additionner facilement, il faut savoir par cœur les *sommes* que donnent les neuf premiers nombres ajoutés deux à deux. C'est ce que l'on apprend dans la table suivante.

Table d'Addition.

1 et 1 font 2	5 et 1 font 6	8 et 1 font 9
2 — 1 — 3	5 — 2 — 7	8 — 2 — 10
2 — 2 — 4	5 — 3 — 8	8 — 3 — 11
2 — 3 — 5	5 — 4 — 9	8 — 4 — 12
2 — 4 — 6	5 — 5 — 10	8 — 5 — 13
2 — 5 — 7	5 — 6 — 11	8 — 6 — 14
2 — 6 — 8	5 — 7 — 12	8 — 7 — 15
2 — 7 — 9	5 — 8 — 13	8 — 8 — 16
2 — 8 — 10	5 — 9 — 14	8 — 9 — 17
2 — 9 — 11	5 —10 — 15	8 — 10 — 18
3 et 1 font 4	6 et 1 font 7	9 et 1 font 10
3 — 2 — 5	6 — 2 — 8	9 — 2 — 11
3 — 3 — 6	6 — 3 — 9	9 — 3 — 12
3 — 4 — 7	6 — 4 — 10	9 — 4 — 13
3 — 5 — 8	6 — 5 — 11	9 — 5 — 14
3 — 6 — 9	6 — 6 — 12	9 — 6 — 15
3 — 7 — 10	6 — 7 — 13	9 — 7 — 16
3 — 8 — 11	6 — 8 — 14	9 — 8 — 17
3 — 9 — 12	6 — 9 — 15	9 — 9 — 18
3 —10 — 13	6 —10 — 16	9 —10 — 19
4 et 1 font 5	7 et 1 font 8	10 et 10 font 20
4 — 2 — 6	7 — 2 — 9	10 — 20 — 30
4 — 3 — 7	7 — 3 — 10	10 — 30 — 40
4 — 4 — 8	7 — 4 — 11	10 — 40 — 50
4 — 5 — 9	7 — 5 — 12	10 — 50 — 60
4 — 6 — 10	7 — 6 — 13	10 — 60 — 70
4 — 7 — 11	7 — 7 — 14	10 — 70 — 80
4 — 8 — 12	7 — 8 — 15	10 — 80 — 90
4 — 9 — 13	7 — 9 — 16	10 — 90 —100
4 —10 — 14	7 —10 — 17	10 —100 —110

54. *Que faut-il faire pour additionner des nombres composés de plusieurs chiffres ?*

Il y a quatre choses à faire pour additionner des nombres composés de plusieurs chiffres :

1° *On les écrit les uns sous les autres de manière que leurs unités de même ordre se trouvent dans une même colonne verticale ;*

2° *On tire un trait sous ces nombres, pour les séparer du résultat, qui doit se mettre au-dessous ;*

3° *On additionne les chiffres de la première colonne à droite ; si la somme ne surpasse pas 9, on l'écrit au-dessous du trait et dans la même colonne ; si elle surpasse 9, on n'écrit que les unités, et l'on retient les dizaines pour les ajouter à la colonne des dizaines ;*

4° *On opère d'une manière semblable sur les colonnes suivantes, jusqu'à la dernière, au-dessous de laquelle on met la somme telle qu'on l'a trouvée.*

55. *Donnez un exemple en motivant chaque opération ?*

Soit à ajouter les quatre nombres 7946 — 68 — 695 — 1854.

On dispose l'opération comme il suit :

```
  7 9 4 6
      6 8
      6 9 5
  1 8 5 4
  ─────────
1 0 5 6 3
```

1re colonne. — 6 et 8 font 14 et 5 font 19 et 4 font 23 ; je pose 3 sous la colonne des unités, et je retiens 2 dizaines.

2e colonne. — 2 de retenue et 4 font 6 et 6 font 12 et 9 font 21 et 5 font 26 ; je pose 6 sous la colonne des dizaines et je retiens 2 centaines.

3e colonne. — 2 de retenue et 9 font 11 et 6 font 17 et 8 font 25 ; je pose 5 sous la colonne des centaines, et je retiens 2 mille.

4e colonne. — 2 de retenue et 7 font 9 et 1 font 10 ; je pose cette somme telle que je l'ai trouvée.

Ce qui donne 10563 pour la somme demandée.

56. *En opérant ainsi, obtient-on le véritable résultat ?*

En opérant ainsi, on doit obtenir le véritable résultat, puisque la somme obtenue résulte de la réunion de toutes les unités, dizaines, centaines, etc., qui entrent dans tous les nombres proposés.

57. *Pourquoi commence-t-on l'addition par la droite?*

On commence l'addition par la droite afin de pouvoir porter les retenues à la colonne plus à gauche, qui n'est pas encore additionnée.

58. *Quelle est la preuve la plus simple de l'addition?*

La preuve la plus simple de l'addition se fait en ajoutant les nombres dans un autre sens, *de bas en haut*, si l'on a opéré *de haut en bas*.

Comme les chiffres de chaque colonne ne sont plus ajoutés au même nombre, on n'est pas exposé à commettre de nouveau les erreurs qu'on a pu faire en additionnant de haut en bas, et, par conséquent, si l'on retrouve le même résultat, il est probable que ce total est exact.

59. *Quel est le principal usage de l'addition ?*

Le principal usage de l'addition est *d'exprimer la valeur de plusieurs nombres de même espèce par un seul.* EXEMPLE :

Un père de famille a 4 enfants. Il veut donner au 1er, 7425 francs ; au 2e, 6764 fr.; au 3e, 5725 fr., et au 4e, 2950 fr. Combien lui faut-il pour cela ?

Il faut à cet homme : 7425 fr., plus 6764 fr., plus 5725 fr., plus 2950 fr., soit 22864 fr.

60. *Quel est le signe de l'addition ?*

Le signe de l'addition est + qui signifie *plus*. Ainsi au lieu d'écrire : 5 plus 3 plus 4, on écrira : $5+3+4$.

61. *Quel est le signe qui marque l'égalité de deux quantités ?*

Le signe qui marque l'égalité est = qui signifie égale, ou égalent. Ainsi $5+3=8$, se lit 5 plus 3 égalent 8.

HUITIÈME LEÇON.

De la Soustraction.

62. *Qu'est-ce que la Soustraction ?*

La SOUSTRACTION *est une opération par laquelle on retranche un nombre d'un autre de même espèce. Le résultat de l'opération s'appelle reste, excès ou différence.*

63. *Qu'est-il utile de savoir pour bien faire la soustraction ?*

Il est utile de se rendre familière la connaissance de la table suivante :

Table de Soustraction.

2 moins 2 = 0	4 moins 4 = 0	6 moins 6 = 0	8 moins 8 = 0
3 — 2 = 1	5 — 4 = 1	7 — 6 = 1	9 — 8 = 1
4 — 2 = 2	6 — 4 = 2	8 — 6 = 2	10 — 8 = 2
5 — 2 = 3	7 — 4 = 3	9 — 6 = 3	11 — 8 = 3
6 — 2 = 4	8 — 4 = 4	10 — 6 = 4	12 — 8 = 4
7 — 2 = 5	9 — 4 = 5	11 — 6 = 5	13 — 8 = 5
8 — 2 = 6	10 — 4 = 6	12 — 6 = 6	14 — 8 = 6
9 — 2 = 7	11 — 4 = 7	13 — 6 = 7	15 — 8 = 7
10 — 2 = 8	12 — 4 = 8	14 — 6 = 8	16 — 8 = 8
11 — 2 = 9	13 — 4 = 9	15 — 6 = 9	17 — 8 = 9
3 moins 3 = 0	5 moins 5 = 0	7 moins 7 = 0	9 moins 9 = 0
4 — 3 = 1	6 — 5 = 1	8 — 7 = 1	10 — 9 = 1
5 — 3 = 2	7 — 5 = 2	9 — 7 = 2	11 — 9 = 2
6 — 3 = 3	8 — 5 = 3	10 — 7 = 3	12 — 9 = 3
7 — 3 = 4	9 — 5 = 4	11 — 7 = 4	13 — 9 = 4
8 — 3 = 5	10 — 5 = 5	12 — 7 = 5	14 — 9 = 5
9 — 3 = 6	11 — 5 = 6	13 — 7 = 6	15 — 9 = 6
10 — 3 = 7	12 — 5 = 7	14 — 7 = 7	16 — 9 = 7
11 — 3 = 8	13 — 5 = 8	15 — 7 = 8	17 — 9 = 8
12 — 3 = 9	14 — 5 = 9	16 — 7 = 9	18 — 9 = 9

64. *Que devient la différence de deux nombres, lorsqu'on augmente ces deux nombres d'une même quantité ?*

La différence ne change pas. EXEMPLE :

De	16		De	$16 + 5$
ôter	9		ôter	$9 + 5$
reste	7		reste	$7 + 0$

C'est sur ce principe qu'on s'appuie pour faire la soustraction.

65. *De combien de manières s'obtient la différence de deux nombres ?*

La différence de deux nombres peut s'obtenir de deux manières : soit en ôtant du plus grand nombre toutes les unités du plus petit, soit en cherchant ce qu'il faut ajouter au plus petit nombre pour obtenir le plus grand.

66. *Comment fait-on la soustraction ?*

Il y a quatre choses à observer pour faire une soustraction :

1° *On place le plus petit nombre sous le plus grand, de manière que les unités de même ordre se correspondent ; on souligne le nombre inférieur pour le séparer du résultat ;*

2° *On retranche successivement, en commençant par la droite, chaque chiffre du nombre inférieur de son correspondant dans le nombre supérieur, et l'on écrit le reste au-dessous, ou zéro s'il ne reste rien ;*

3° *Lorsque le chiffre inférieur est plus grand que le chiffre supérieur, on ajoute à celui-ci dix unités de son ordre pour rendre la soustraction possible, et, lorsqu'on passe à la colonne suivante, on augmente le chiffre inférieur d'une unité ;*

4° *On opère ainsi sur les colonnes suivantes, jusqu'à la dernière, au-dessous de laquelle on met la différence telle qu'on l'a trouvée.*

67. *Donnez un exemple en motivant chaque opération.*

Soit 467 à soustraire de 8005. On dispose le calcul ainsi qu'il suit, et l'on dit :

De   8 0 0 5   *1re colonne.* — 7 ôté de 5, cela
ôter   4 6 7   ne se peut ; j'ajoute 10 à 5, et je
Reste   7 5 3 8   dis 7 de 15, reste 8 ; je pose 8 sous
la colonne des unités et je retiens 1, pour l'ajouter au chiffre inférieur de la 2ᵉ colonne.

2e colonne. — 1 et 6 font 7 ; 7 ôté de 0, cela ne se peut ; j'ajoute 10 et je dis : 7 de 10 reste 3 ; je pose 3 à la colonne des dizaines et je retiens 1, parce que j'ai ajouté 10 au nombre supérieur.

3e colonne. — 1 et 4 font 5 ; 5 de 0, cela ne se peut ; mais 5 ôté de 10, reste 5 ; je pose 5 sous la colonne des centaines, et je retiens 1.

4e colonne. — 1 de 8 reste 7. — Ce qui donne 7538 pour la différence cherchée.

68. *Pourquoi commence-t-on la soustraction par la droite.*

On commence la soustraction par la droite afin de n'être point obligé de revenir sur ses pas pour diminuer un chiffre déjà écrit au résultat.

69. *Comment se fait la preuve de la soustraction ?*

Pour faire la preuve de la soustraction, on ajoute le reste au plus petit nombre ; on doit retrouver le plus grand au total.

Exemple : Soit à retrancher 28784 de 83465. En faisant l'opération, je trouve 54681 pour reste.

De   8 3 4 6 5   Pour faire la preuve, j'addition-
ôter   2 8 7 8 4   ne 54681 avec 28784, et comme
reste   5 4 6 8 1   j'ai pour total 83465, je conclus
que la soustraction est bien faite.

Il est inutile d'écrire de nouveaux chiffres en faisant cette addition : ceux du nombre supérieur peuvent servir.

70. *N'y a-t-il pas une autre manière de faire la preuve de la soustraction ?*

On peut aussi faire la preuve de la soustraction en retranchant le reste du plus grand nombre, on doit obtenir le plus petit pour résultat.

71. *Quels sont les principaux usages de la soustraction ?*

La soustraction sert : 1º *à faire connaître ce qui reste d'une quantité, quand on en a retranché une ou plusieurs autres de moindre valeur.*

EXEMPLE : Un tonneau contenait 675 litres de vin ; on en a bu 298 litres. Combien en reste-t-il ?

RÉPONSE : 675 litres moins 298 litres = 377 litres.

2º *A trouver de combien une quantité en surpasse une autre.*

EXEMPLE : En l'année 1817, il est né en France 944571 enfants, et 914351 en 1818. Combien est-il né d'enfants de plus en 1817 qu'en 1818 ?

RÉPONSE : 944571 moins 914351 = 30220.

3º *A faire connaître une partie d'un tout, lorsque l'on connaît ce tout et l'autre de ses parties.*

EXEMPLE : La somme de deux nombres est 9360, l'un de ces nombres est 4020. Quel est l'autre ?

RÉPONSE : 9360 moins 4020 = 5340.

4º *A déterminer la durée des êtres.*

EXEMPLE : Newton naquit en 1642 et mourut en 1727. Combien a-t-il vécu ?

RÉPONSE : 1727 moins 1642 = 85 ans.

5º *A préciser l'intervalle entre deux époques.*

EXEMPLE : L'imprimerie a été découverte en 1440 ; la gravure, en 1480. De combien d'années l'une de ces découvertes a-t-elle précédé l'autre ?

RÉPONSE : 1480 moins 1440 = 40 ans.

72. *Quel est le signe de la soustraction ?*

Le signe de la soustraction est — qui signifie

moins. Ainsi, au lieu d'écrire : 5 moins 3 = 2, on écrit : 5 — 3 = 2.

NEUVIÈME LEÇON.

De la Multiplication.

73. *Qu'est-ce que la multiplication des nombres entiers ?*

La MULTIPLICATION *des nombres entiers est une opération par laquelle on répète un nombre appelé* MULTIPLICANDE, *autant de fois qu'il y a d'unités dans un autre appelé* MULTIPLICATEUR *; le résultat de cette opération se nomme* PRODUIT.

74. *Comment se nomment encore le multiplicande et le multiplicateur ?*

Le multiplicande et le multiplicateur s'appellent encore *facteurs* du produit, parce qu'ils servent à le former.

75. *Quelle conséquence peut-on tirer de la définition donnée plus haut?*

De la définition de la multiplication des nombres entiers, il suit que la multiplication n'est qu'une espèce d'addition ; car, pour obtenir le produit, on peut écrire le multiplicande autant de fois qu'il y a d'unités dans le multiplicateur et en faire l'addition ; la somme sera le produit demandé.

Le produit de 35 par 4 est :

```
  3 5
  3 5
  3 5
  3 5
------
1 4 0  somme ou produit
```

Mais comme cette opération serait souvent très-longue, on a cherché une *méthode* abrégée pour arriver au résultat, et c'est cette méthode qui porte le nom de MULTIPLICATION.

76. *Quelles conséquences peut-on tirer de la définition de la* MULTIPLICATION ?

De la définition de la multiplication il résulte :

1° Que le multiplicateur est considéré comme un nombre abstrait ; car il indique seulement le nombre de fois qu'il faut répéter le multiplicande ;

2° Que les unités du produit sont de la même espèce que celles du multiplicande, puisque le produit n'est autre chose que le multiplicande répété un certain nombre de fois.

77. *Que faut-il savoir par cœur pour faire la multiplication ?*

Il faut savoir la table suivante, appelée *livret* ; elle renferme les produits effectués de deux nombres d'un seul chiffre.

Table de Multiplication.

1 fois 1 fait 1	4 fois 1 font 4	7 fois 1 font 7
1 — 2 — 2	4 — 2 — 8	7 — 2 — 14
1 — 3 — 3	4 — 3 — 12	7 — 3 — 21
1 — 4 — 4	4 — 4 — 16	7 — 4 — 28
1 — 5 — 5	4 — 5 — 20	7 — 5 — 35
1 — 6 — 6	4 — 6 — 24	7 — 6 — 42
1 — 7 — 7	4 — 7 — 28	7 — 7 — 49
1 — 8 — 8	4 — 8 — 32	7 — 8 — 56
1 — 9 — 9	4 — 9 — 36	7 — 9 — 63
1 — 10 — 10	4 — 10 — 40	7 — 10 — 70
2 fois 1 font 2	5 fois 1 font 5	8 fois 1 font 8
2 — 2 — 4	5 — 2 — 10	8 — 2 — 16
2 — 3 — 6	5 — 3 — 15	8 — 3 — 24
2 — 4 — 8	5 — 4 — 20	8 — 4 — 32
2 — 5 — 10	5 — 5 — 25	8 — 5 — 40
2 — 6 — 12	5 — 6 — 30	8 — 6 — 48
2 — 7 — 14	5 — 7 — 35	8 — 7 — 56
2 — 8 — 16	5 — 8 — 40	8 — 8 — 64
2 — 9 — 18	5 — 9 — 45	8 — 9 — 72
2 — 10 — 20	5 — 10 — 50	8 — 10 — 80
3 fois 1 font 3	6 fois 1 font 6	9 fois 1 font 9
3 — 2 — 6	6 — 2 — 12	9 — 2 — 18
3 — 3 — 9	6 — 3 — 18	9 — 3 — 27
3 — 4 — 12	6 — 4 — 24	9 — 4 — 36
3 — 5 — 15	6 — 5 — 30	9 — 5 — 45
3 — 6 — 18	6 — 6 — 36	9 — 6 — 54
3 — 7 — 21	6 — 7 — 42	9 — 7 — 63
3 — 8 — 24	6 — 8 — 48	9 — 8 — 72
3 — 9 — 27	6 — 9 — 54	9 — 9 — 81
3 — 10 — 30	6 — 10 — 60	9 — 10 — 90

78. *Le produit de deux nombres change-t-il quand on intervertit l'ordre des facteurs ?*

Le produit de deux nombres ne change pas quand on intervertit l'ordre des facteurs, c'est-à-dire quand on met le multiplicande à la place du multiplicateur et réciproquement. On voit, dans la table précédente, que 6 multiplié par 8 = 48, et que 8 multiplié par 6 = 48 ; il en est ainsi de tous les autres nombres.

DIXIÈME LEÇON.

79. *Comment multiplie-t-on un nombre quelconque par un nombre d'un seul chiffre ?*

Soit 4327 à multiplier par 7. Il faut répéter 7 fois chacune des parties du nombre 4327 ; la table de multiplication permet de le faire facilement. En effet, le nombre 4327 étant égal à 7 unités, 2 dizaines, 3 centaines, 4 mille, on a :

7 fois 7 unités font	4 9 *unités.*
7 fois 2 dizaines font	1 4 . *dizaines.*
7 fois 3 centaines font	2 1 . . *centaines.*
7 fois 4 mille font	2 8 . . . *mille.*
	3 0 2 8 9 *produit.*

Dans la pratique, on ajoute les dizaines de chaque produit partiel au produit suivant, au fur et à mesure qu'on les obtient. Ainsi, dans l'exemple précédent, on dispose ainsi l'opération, et l'on dit :

4 3 2 7	*multiplicande.*	7 fois 7 unités font
7	*multiplicateur.*	49 unités ; on pose 9
3 0 2 8 9	*produit.*	unités et l'on retient
		4 dizaines : 7 fois 2

dizaines font 14 dizaines et 4 dizaines de retenue font 18 dizaines, on pose 8 dizaines et l'on retient une centaine ; 7 fois 3 centaines font 21 centaines et 1 de retenue font 22 centaines, on pose 2 centaines et on retient

2 mille ; 7 fois 4 mille font 28 mille et 2 de retenue font 30 mille, que l'on écrit à la gauche des trois premiers chiffres obtenus, ce qui donne pour produit 30289.

80. Quelle est la règle à suivre pour multiplier un nombre de plusieurs chiffres par un nombre d'un seul chiffre ?

Pour multiplier un nombre de plusieurs chiffres par un nombre d'un seul chiffre, on écrit d'abord le multiplicande, et, au-dessous, le multiplicateur ; on tire un trait horizontal sous ce dernier, et commençant par la droite, on multiplie successivement chaque chiffre du multiplicande par celui du multiplicateur.

Quand on obtient un produit partiel qui n'est pas plus fort que 9, on l'écrit tel ; dans le cas contraire, on écrit seulement les unités, ou 0 quand elles manquent, et l'on retient les dizaines pour les ajouter au produit suivant ; enfin, le dernier produit partiel s'écrit tel qu'on le trouve.

81. En opérant de cette manière, a-t-on véritablement le produit demandé ?

On a évidemment le produit demandé, car on répète toutes les parties du multiplicande et, par conséquent, le multiplicande lui-même autant de fois qu'il y a d'unités dans le multiplicateur.

ONZIÈME LEÇON.

82. Comment multiplie-t-on un nombre par l'unité suivie d'un ou de plusieurs zéros, c'est-à-dire par 10, 100, 1000......

Pour multiplier un nombre par l'unité suivie de 1, 2, 3..... zéros, c'est-à-dire par 10, 100, 1000... il suffit d'écrire, à la droite du multiplicande, autant de zéros qu'il y en a dans le multiplicateur.

Ainsi : 34 multiplié par 10 = 340 ; 34 multiplié par 100 = 3400 ; 34 multiplié par 1000 = 34000 (46).

85. *Comment multiplie-t-on l'un par l'autre deux nombres quelconques ?*

Pour multiplier l'un par l'autre deux nombres quelconques, il faut :

1° *Placer le multiplicateur sous le multiplicande, de manière que les unités de même ordre se correspondent ;*

2° *Souligner ces facteurs pour les séparer des produits partiels ;*

3° *Multiplier le multiplicande successivement par chaque chiffre du multiplicateur, et disposer les produits partiels de manière que le premier chiffre à droite de chacun d'eux soit placé sous le chiffre du multiplicateur qui a servi à la multiplication partielle ;*

4° *Souligner le dernier de ces produits partiels ;*

5° *Faire l'addition de tous les produits partiels ; la somme est le produit total cherché.*

Exemple : Soit 1852 à multiplier par 365, on aura :

$$
\begin{array}{r}
1\ 8\ 5\ 2 \quad \textit{multiplicande.} \\
3\ 6\ 5 \quad \textit{multiplicateur.} \\
\hline
9\ 2\ 6\ 0 \\
1\ 1\ 1\ 1\ 2 \\
5\ 5\ 5\ 6 \\
\hline
6\ 7\ 5\ 9\ 8\ 0 \quad \textit{produit total.}
\end{array}
$$

produits partiels.

84. *Que fait-on si l'un des facteurs ou les deux facteurs sont terminés par des zéros ?*

Lorsqu'un des facteurs ou les deux facteurs sont terminés par des zéros, on fait la multiplication, sans avoir égard à ces zéros, et l'on écrit ensuite, à droite du produit total, autant de zéros qu'il y en a à droite des deux facteurs. Exemple :

$$4\ 5\ 2\ 6$$
$$4\ 3\ 0\ 0$$

$$1\ 3\ 5\ 7\ 8$$
$$1\ 8\ 1\ 0\ 4$$

$$1\ 9\ 4\ 6\ 1\ 8\ 0\ 0$$

$$3\ 4\ 0\ 0\ 0$$
$$2\ 4\ 0\ 0\ 0$$

$$1\ 3\ 6$$
$$6\ 8$$

$$8\ 1\ 6\ 0\ 0\ 0\ 0\ 0$$

85. *Que fait-on lorsqu'il y a un ou plusieurs zéros entre deux chiffres significatifs du multiplicateur?*

Lorsqu'il y a un ou plusieurs zéros entre deux chiffres significatifs du multiplicateur, on passe sans multiplier par ces zéros ; mais il ne faut pas oublier de placer le premier chiffre à droite du produit suivant, sous celui qui a servi de multiplicateur. EXEMPLE :

$$2\ 4\ 0\ 6$$
$$8\ 0\ 0\ 4$$

$$9\ 6\ 2\ 4$$
$$1\ 9\ 2\ 4\ 8$$

$$1\ 9.2\ 5\ 7\ 6\ 2\ 4$$

On voit facilement que dans l'opération, on a passé les deux zéros de 8004 : mais on a écrit le premier chiffre à droite du second produit sous les mille du précédent, parce que le 8 est au rang des mille.

DOUZIÈME LEÇON.

86. *Pourquoi commence-t-on la multiplication par la droite?*

C'est à cause des retenues que l'on fait très-souvent en multipliant un chiffre du multiplicande par un chiffre du multiplicateur. Si l'on commençait par la gauche, on serait très-souvent obligé de changer les résultats déjà obtenus.

87. *Comment, dans un problème, distingue-t-on le multiplicande du multiplicateur?*

Dans tout problème, les données indiquent positi—

vement le multiplicande, qui est toujours de même nature que les unités que l'on veut obtenir.

88. *Doit-on toujours prendre pour multiplicande le nombre qui exprime des unités de l'espèce demandée ?*

Dans la pratique, on prend ordinairement pour multiplicateur le nombre qui a le moins de chiffre. Cela ne change pas le résultat ; mais il faut avoir soin de donner au produit total le nom des unités demandées.

89. *Comment fait-on la preuve de la multiplication ?*

La preuve de la multiplication se fait en changeant l'ordre des facteurs, c'est-à-dire en mettant le multiplicande à la place du multiplicateur ; les résultats des deux opérations doivent être les mêmes. EXEMPLE :

$$
\begin{array}{r}
7\ 2\ 8\ 6 \\
4\ 3\ 5 \\
\hline
3\ 6\ 4\ 3\ 0 \\
2\ 1\ 8\ 5\ 8 \\
2\ 9\ 1\ 4\ 4 \\
\hline
3\ 1\ 6\ 9\ 4\ 1\ 0
\end{array}
\qquad
\begin{array}{r}
4\ 3\ 5 \\
7\ 2\ 8\ 6 \\
\hline
2\ 6\ 1\ 0 \\
3\ 4\ 8\ 0 \\
8\ 7\ 0 \\
3\ 0\ 4\ 5 \\
\hline
3\ 1\ 6\ 9\ 4\ 1\ 0
\end{array}
$$

90. *Qu'appelle-t-on multiple d'un nombre ?*

On appelle *multiple* d'un nombre le *produit* de ce nombre par un nombre entier quelconque :

10, 15, 20, 25, etc., sont des multiples de 5, car on les obtient en multipliant 5 par 2, par 3, par 4, par 5, etc.

Le multiple qui résulte d'un produit par 2 s'appelle *double*; d'un produit par 3, *triple* ; par 4, *quadruple* ; par 5, *quintuple* ; par 6, *sextuple*, etc.

91. *Qu'est-ce qu'un nombre pair ?*

On appelle nombre pair tout multiple de 2.

92. *Comment reconnaît-on qu'un nombre est pair?*

On reconnaît qu'un nombre est pair quand il est terminé par les chiffres 0, 2, 4, 6, 8.

93. *Dites quelques usages de la multiplication?*

La multiplication sert : 1° *A faire connaître la valeur de plusieurs unités de même espèce quand on connaît la valeur de l'une.* Exemple : *Quel sera le prix de 284 stères de bois, sachant que chaque stère coûte 9 fr.*

Réponse : 9 *fr.* multiplié par 284 = 2556 *fr.*

2° *A réduire des unités d'espèces supérieures en unités d'espèces inférieures.* Exemple : *On demande combien il y a de jours dans 52 ans?*

Réponse : 1 *an* = 365 *jours* ; 52 *ans* = 365 *jours* multiplié par 52 = 18980 *jours.*

3° *A trouver les multiples d'un nombre.* Exemple : *Le double de* 17 = 17 multiplié par 2 = 34 ; *le triple de* 17 = 17 multiplié par 3 = 51 ; *le quadruple de* 17 = 17 multiplié par 4 = 68.

94. *Quels sont les signes de la multiplication?*

Les signes de la multiplication sont : × ou (.) Ainsi, au lieu d'écrire 4 multiplié par 5, on écrit 4 × 5 ou 4.5.

TREIZIÈME LEÇON.

De la Division.

95. *Qu'est-ce que la division ?*

La DIVISION *est une opération par laquelle, connaissant un produit nommé* DIVIDENDE *et l'un de ses facteurs appelé* DIVISEUR, *on cherche l'autre facteur nommé* QUOTIENT.

On peut aussi définir la division des nombres entiers :

Une opération par laquelle on cherche combien de fois un nombre appelé dividende *contient un autre nombre appelé* diviseur ; *le résultat de cette opération s'appelle* quotient.

96. *Comment se nomment conjointement le dividende et le diviseur ?*

Le dividende et le diviseur se nomment ensemble *termes* de la division.

97. *La division n'est-elle pas une espèce de soustraction ?*

La division est une espèce de soustraction ; car, pour obtenir le nombre de fois que le diviseur est contenu dans le dividende, on peut soustraire le diviseur du dividende autant de fois qu'il est possible ; le nombre des soustractions sera évidemment le quotient cherché.

Exemple : Soit à diviser 32 par 8 :

$$
\begin{array}{rl}
& 3\ 2 \\
& \underline{8} \qquad \text{1° 8 de 32, il reste 24 ;} \\
\text{1}^{\text{er}}\text{ reste..} & 2\ 4 \\
& \underline{8} \qquad \text{2° 8 de 24, il reste 16 ;} \\
\text{2}^{\text{e}}\text{ reste...} & 1\ 6 \\
& \underline{8} \qquad \text{3° 8 de 16, il reste 8 ;} \\
\text{3}^{\text{e}}\text{ reste...} & 8 \\
& \underline{8} \qquad \text{4° 8 de 8, il reste 0 ;} \\
\text{4}^{\text{e}}\text{ reste...} & 0
\end{array}
$$

Il y a eu quatre soustractions ; le quotient cherché est donc 4.

Mais le calcul serait trop long si le dividende était un peu fort par rapport au diviseur.

On a imaginé une méthode abrégée, et c'est cette méthode que l'on a appelée *division*.

98. *Quelles conséquences peut-on tirer de la seconde définition de la division ?*

Des deux définitions citées plus haut, il résulte :

1° *Que le diviseur multiplié par le quotient doit reproduire le dividende.*

Car le dividende est un produit dont le diviseur et le quotient sont les facteurs.

2° *Que si l'on rend le dividende, 2, 3, 4...., 10.... fois plus fort, le quotient est rendu aussi 2, 3, 4...., 10..... fois plus fort.*

Car le dividende contient le diviseur 2, 3, 4.... 10..... fois plus qu'il ne le contenait d'abord.

3° *Que si l'on rend le diviseur 2, 3, 4...., 10.... fois plus grand le quotient est rendu 2, 3, 4....,10.... fois plus faible.*

Car le diviseur est contenu dans le dividende 2, 3, 4...., 10... fois moins qu'il ne l'était d'abord.

4° *Que si l'on rend le dividende et le diviseur le même nombre de fois plus grand, le quotient reste le même.*

Car il devient successivement ce même nombre de fois plus grand et plus petit.

5° *Que si l'on rend le dividende un certain nombre de fois plus petit, le quotient devient le même nombre de fois plus petit.*

Car d'après ce que nous avons dit, plus le dividende est petit, moins il contient le diviseur, et plus le quotient est petit, ce qui établit une compensation.

6° *Que si l'on rend le diviseur un certain nombre de fois plus petit, le quotient devient le même nombre de fois plus grand.*

Car plus le diviseur est petit, plus il est contenu de fois dans le dividende, plus le quotien est grand.

7° *Que si l'on rend le dividende et le diviseur le même nombre de fois plus petit, le quotient reste le même.*

Car il devient successivement ce même nombre de fois plus petit et plus grand.

59. *Quels sont les signes de la division ?*

Les signes de la division sont $\div$ ou (:). Ainsi au lieu d'écrire 8 divisé par 2, on écrit $\dfrac{8}{2}$ ou 8 : 2.

QUATORZIÈME LEÇON.

100. *Que faut-il savoir pour diviser un nombre d'un ou de deux chiffres par un nombre d'un seul chiffre.*

Il suffit de savoir la table de multiplication. On sait alors par quel chiffre il faudrait multiplier le diviseur pour produire le dividende ; ce *chiffre multiplicateur* est le *quotient* cherché.

101. *Combien peut-il se présenter de cas ?*

Il peut se présenter deux cas: 1° le nombre à diviser se trouve dans la table de multiplication ; 2° il peut ne pas s'y trouver. Exemple :

$\dfrac{48}{8} = 6$, quotient *exact* puisque $8 \times 6 = 48$.

$\dfrac{52}{8} = 6$, quotient *approximatif*, puisque $8 \times 6 = 48 = 52 - 4$.

Dans ce dernier cas, il y a un reste 4, *moindre que le diviseur.*

102. *Le reste doit-il toujours être moindre que le diviseur ?*

Le reste d'une division doit toujours être moindre que le diviseur, autrement le quotient serait trop petit au moins d'une unité.

103. *Comment divise-t-on un nombre de plusieurs chiffres par un nombre d'un seul chiffre ?*

Pour diviser un nombre de plusieurs chiffres par un nombre d'un seul chiffre, il faut :

1° Ecrire le diviseur à droite du dividende, en les séparant par un trait ;

2° Chercher combien de fois le premier chiffre à gauche du dividende contient le diviseur, ou, si ce premier chiffre est plus petit que le diviseur, combien de fois les deux premiers chiffres du dividende contiennent le diviseur, et écrire ce nombre au quotient, qui se place sous le diviseur ;

3° Retrancher de la partie employée du dividende le produit du chiffre trouvé par le diviseur ;

4° Ecrire à côté du reste obtenu par cette soustraction le chiffre suivant du dividende, pour former un nouveau dividende partiel, sur lequel on opère comme sur le premier ;

5° Ecrire le second quotient partiel à la droite du premier et retrancher son produit du second dividende partiel ;

6° A côté du reste de cette dernière soustraction, écrire le chiffre du dividende général qui suit le dernier employé, pour former un troisième dividende partiel ;

7° Continuer, enfin, de la même manière jusqu'à ce qu'on ait employé tous les chiffres du dividende.

Exemple :

Soit à diviser 61605 par 9.

```
         Dividende...  6 1. 6 0 5 | 9    Diviseur.
                       5 4        |___________________
                                  | 6 8 4 5 Quotient.
2e dividende partiel..    7 6
                          7 2
3e dividende partiel...     4 0
                            3 6
4e dividende partiel...       4 5
                              4 5
                              ___
                              0 0
```

104. *Peut-on abréger l'opération dans le cas qui nous occupe ?*

1º Dans la pratique, on abrége la division en opérant comme il suit :

Dividende 6 1 6 0 5 | 9 *diviseur.*

      6 8 4 5 *quotient.*

Je dis : le 9e de 61 est 6 pour 54 ; il reste 7, qui, suivi de 6, donne 76 ; le 9e de 76 est 8 pour 72 ; il reste 4, qui, suivi de 0, donne 40 ; le 9e de 40 est 4 pour 36 ; il reste 4, qui, suivi de 5, donne 45 ; le 9e de 45 est 5. Le quotient $=$ 6845.

QUINZIÈME LEÇON.

105. *Quelle est la règle générale pour diviser l'un par l'autre deux nombres quelconques ?*

RÈGLE GÉNÉRALE. Pour faire une division :

1º On écrit le diviseur à droite du dividende ; on tire un trait vertical entre ces deux nombres, et un trait horizontal sous le diviseur ;

2º On prend, vers la gauche du dividende, assez de chiffres pour contenir le diviseur une fois au moins et neuf fois au plus ;

3º On divise ce premier dividende partiel par le diviseur, et l'on écrit au quotient le nombre trouvé ;

4º On multiplie le diviseur par ce chiffre, et l'on retranche le produit du premier dividende partiel ;

5º A la droite du reste, on abaisse le chiffre suivant du dividende, et l'on opère sur le second dividende partiel comme sur le premier, et ainsi de suite jusqu'à ce que tous les chiffres du dividende soient épuisés.

106. *Donnez un exemple où toutes ces règles soient appliquées.*

Exemple :

```
4 7 2 8 6 7 | 2 6 7
2 6 7       | ‾‾‾‾‾‾‾
‾‾‾‾‾‾‾       1 7 7 1
2 0 5 8
1 8 6 9
‾‾‾‾‾‾‾
  1 8 9 5
  1 8 6 9
  ‾‾‾‾‾‾‾
      2 6 7
      2 6 7
      ‾‾‾‾‾
      0 0 0
```

107. *Est-il nécessaire d'écrire les produits du diviseur par chaque chiffre du quotient, au-dessous de chaque dividende partiel ?*

Dans la pratique, on effectue à la fois la multiplication et la soustraction.

Exemple :

```
4 7 2 8 5 7 | 2 6 7
2 0 5 8     | ‾‾‾‾‾‾‾
  1 8 9 5   | 1 7 7 1
    0 2 6 7
      0 0 0
```

108. *Comment reconnaît-on que le chiffre d'un quotient partiel est exact ?*

On essaie le chiffre du quotient avant de l'écrire, en multipliant mentalement, par ce même chiffre, les deux premiers chiffres à gauche du diviseur ; on voit alors si le produit peut se retrancher des deux premiers ou des trois premiers chiffres à gauche du dividende partiel.

109. *Comment reconnaît-on qu'un chiffre du quotient est trop fort ?*

On reconnaît qu'un chiffre du quotient est trop fort lorsque son produit par le diviseur est plus fort que le dividende partiel.

110. *Comment reconnaît-on qu'il est trop faible ?*

On reconnaît qu'un chiffre du quotient est trop faible lorsque le reste est égal ou supérieur au diviseur.

111. *Peut-on savoir à l'avance combien de chiffres aura le quotient ?*

On peut toujours savoir à l'avance combien de chiffres aura le quotient. Il suffit pour cela de marquer le premier dividende partiel et d'ajouter 1 au nombre des chiffres qui restent du dividende total.

112. *Comment divise-t-on un nombre par l'unité suivie d'un ou de plusieurs zéros ?*

Pour diviser un nombre par l'unité suivie d'un ou de plusieurs zéros, on partage les chiffres du dividende en deux groupes : celui de droite contient autant de chiffres qu'il y a de zéros dans le diviseur, et forme *le reste* de la division ; celui de gauche comprend tous les autres chiffres du dividende et donne le *quotient.*

Exemple : $\dfrac{42334}{1000} = 42$ *quotient,* et 334 reste de la division.

113. *Ne peut-on pas abréger la division quand le dividende et le diviseur sont terminés par des zéros ?*

Si les deux termes de la division sont terminés par des zéros, on peut, sans altérer le quotient, supprimer tous les zéros du terme qui en a le moins, pourvu qu'on en supprime autant dans l'autre. EXEMPLE :

```
3 4 8 0 0 0 0 0 | 7 2 5 0 0 0 = 3 4 8 0 0 | 7 2 5
  5 8 0 0 0 0 0 |‾‾‾‾‾‾‾‾‾‾‾‾‾      5 8 0 0 |‾‾‾‾‾
  0 0 0 0 0 0 0 | 4 8                 0 0 0 | 4 8
```

En supprimant 3 zéros au diviseur, on a rendu le quotient 1000 fois plus grand ; mais en supprimant 3 zéros du dividende, le quotient est devenu 1000 fois plus petit, ce qui ne change point le résultat.

114. *Pourquoi commence-t-on la division par la gauche ?*

On commence la division par la gauche, parce que le seul dividende partiel que l'on puisse former d'abord est le produit des hautes unités du quotient par le diviseur, produit qui se trouve dans les plus hautes unités du dividende.

SEIZIÈME LEÇON.

Preuves de la Multiplication et de la Division.

115. *Comment fait-on la preuve de la multiplication ?*

La preuve de la multiplication se fait par la division : il suffit de diviser le *produit* par l'un des facteurs, on doit trouver l'autre facteur au quotient.

116. *Comment se fait la preuve de la division ?*

La preuve de la division se fait par la multiplication : il suffit de multiplier le *diviseur* par le *quotient* et d'ajouter au produit le reste, s'il y en a un ; ce produit doit être égal au dividende.

En général, *le dividende de toute division est égal au diviseur multiplié par le quotient, plus le reste.*

CONDITIONS DE DIVISIBILITÉ.

117. *Comment reconnaît-on qu'un nombre est divisible 1° par 2 ; 2° par 3 ; 3° par 4 ; 4° par 5 ; 5° par 6 ; 6° par 8 ; 7° par 9 ?*

1° Un nombre est divisible par 2 quand le premier chiffre à droite est un nombre pair ou un zéro.

Exemple : 436, 520.

2° Un nombre est divisible par 3 quand la somme de ses chiffres est divisible par 3.

Ainsi 942 *est divisible par 3 parce que la somme 15 de ses chiffres, 9, 4 et 2, est divisible par 3.*

3° Un nombre est divisible par 4 quand le nombre

formé par le chiffre des dizaines et celui des unités est divisible par 4 ou quand il est terminé par deux zéros.

Ainsi 624 *est divisible par 4 parce que 24 est divisible par 4.*

4° Un nombre est divisible par 5 quand il est terminé par 0 ou par 5.

EXEMPLE : 725, 720 *sont divisibles par 5.*

5° Un nombre est divisible par 6 quand il est pair et qu'en outre la somme de ses chiffres est divisible par 3.

Ainsi 2268 *est divisible par 6 parce qu'il est pair et que la somme 18 de ses chiffres est divisible par 3.*

6° Un nombre est divisible par 8, quand le nombre formé par les chiffres des centaines, des dizaines et des unités, est divisible par 8, ou quand il est terminé par trois zéros.

Ainsi 32664 *est divisible par 8 parce que 664 est divisible par 8.*

7° Un nombre est divisible par 9 quand la somme de ses chiffres est divisible par 9.

Ainsi 32265 *est divisible par 9, parce que la somme 18 de ses chiffres est divisible par 9.*

USAGES DE LA DIVISION.

118. *Quels sont les principaux usages de la division?*
La division sert : 1° à déterminer un facteur lorsque l'on connaît le produit et l'autre facteur.

EXEMPLE: *Par quel nombre faudra-t-il multiplier* 620 *pour avoir* 26040 *au produit?*

Réponse : $\dfrac{26040}{620} = 42$. En effet, on a $620 \times 42 = 26040$.

2° A partager un nombre donné en parties égales.

EXEMPLE : *Partager 592 fr. entre 16 personnes, de manière que chacune ait la même somme ?*

Réponse : $\dfrac{592}{16}$ = 37 fr., car 37 fr. $\times$ 16=592 fr.

3° A déterminer la valeur d'une seule unité quand on connaît celle de plusieurs de même espèce.

EXEMPLE : *40 mètres d'ouvrage ont coûté 200 fr. ; à combien revient le mètre ?*

Réponse : $\dfrac{200}{40}$ = 5 fr.

4° A trouver combien on pourrait payer d'unité avec une somme donnée, lorsqu'on connaît le prix de l'unité.

EXEMPLE : *Combien ferait-on de mètres d'un certain ouvrage avec 47625 fr., sachant qu'un mètre vaut 75 fr. ?*

Réponse : $\dfrac{47625}{75}$ = 635 mètres.

5° A convertir les unités d'espèces inférieures en unités d'espèces supérieures.

EXEMPLE : *Combien y a-t-il d'heures dans 1020 minutes ?*

Réponse : $\dfrac{1020}{60}$ = 17 heures.

6° A faire la preuve de la multiplication.

Remarque. Les quatre opérations fondamentales de l'arithmétique sont généralement suffisantes pour résoudre les questions pratiques sur les nombres.

Toutefois, il importe grandement de présenter les résultats de manière que l'on puisse saisir facilement la suite des opérations effectuées.

Prenons pour exemple la balance d'un compte à établir.

DÉPENSES.	RECETTES.	BALANCE.
109 mètres à 13 f. = 1417	Reçu de divers. . . . 720	
125 kilog. à 8 f. = 1000	Vendu 85 mètres à 18 f. = 1530	
75 journées à 5 f. = 375	162 kilogr. à 8 f. = 1296	Recettes. 3786
Frais de transport = 52	16 kilogr. à 15 f. = 240	Dépenses. 2844
Total. . . . 2844	Total 3786	En caisse. 1942

DIX-SEPTIÈME LEÇON.

Des Fractions ordinaires.

119. *Qu'est-ce qu'une fraction ?*
Une fraction est une ou plusieurs parties de l'unité divisée en parties égales.

120. *Comment s'exprime une fraction ?*
Une fraction s'exprime au moyen de deux nombres: l'un marque le nombre de parties que l'on prend, s'écrit sur un trait horizontal et se nomme *numérateur ;* l'autre marque en combien de parties l'unité a été partagée, s'écrit sous le trait horizontal et se nomme *dénominateur.*

Supposons, par exemple, qu'ayant divisé l'unité en huit parties égales, on ait employé cinq de ces parties pour former une fraction : le dénominateur de cette fraction est 8 et le numérateur 5, et l'on a $\frac{5}{8}$.

121. *Comment lit-on une fraction ?*

On lit d'abord le numérateur et on ajoute le nom du dénominateur, suivi de la terminaison *ième*. EXEMPLE :

$\frac{5}{8}$, lisez *cinq huitièmes*. Il y a exception pour les dénominateurs, 2, 3, 4 ; au lieu de *deuxième, troisième, quatrième*, on dit : *demi, tiers, quart*.

122. *Quel nom commun donne-t-on au numérateur et au dénominateur ?*

On donne au numérateur et au dénominateur le nom commun de *termes* de la fraction.

123. *Peut-on considérer des nombres entiers comme des fractions ?*

On peut considérer les nombres entiers comme des fractions ayant pour dénominateur l'unité : par exemple 3 est égal à $\frac{3}{1}$; 5 à $\frac{5}{1}$. (1)

124. *Quelles conséquences peut-on tirer de la nature même des fractions ?*

Il suit de la nature même des fractions :

1° Que de deux fractions qui ont le même *dénominateur*, la plus grande est celle qui a le plus grand *numérateur*. Exemple : $\frac{5}{6}$ *est plus grand que* $\frac{4}{6}$.

2° Que de deux fractions qui ont le même *numérateur*, la plus grande est celle qui a le plus petit *dénominateur*. Exemple : $\frac{5}{11}$ *est plus grand que* $\frac{5}{12}$.

125. *Quelle est la valeur d'une fraction ?*

---

(1) On peut étendre la dénomination de fraction à toute quantité mise sous forme de fraction qu'elle soit plus grande ou plus petite que l'unité.

Une fraction est égale au quotient de la division de son numérateur par son dénominateur.

Par exemple, $\dfrac{7}{11}$ est le onzième de 7 ; ce onzième contient, en effet, le onzième de chacune des unités qui composent 7, c'est-à-dire 7 fois $\dfrac{1}{11}$ ou $\dfrac{7}{11}$.

126. *A quoi est égal le quotient d'une division ?*

Le quotient d'une division est égal au quotient entier, augmenté d'une fraction ayant pour numérateur le reste et pour dénominateur le diviseur.

Soit, par exemple, 47 à diviser par 7 : le quotient entier est 6 et le reste 5, c'est-à-dire que le septième de 47 se compose de 6 unités plus le septième de 5 ;

il est donc de $6 + \dfrac{5}{7}$.

127. *Quand est-ce qu'une fraction est égale à l'unité ?*

Une fraction est égale à l'unité lorsque le numérateur et le dénominateur sont égaux.

Ainsi, $\dfrac{5}{5} = 1$; $\dfrac{6}{6} = 1$.

128. *Quand est-ce qu'une fraction est moindre que l'unité ?*

Une fraction est moindre que l'unité lorsque le numérateur est moindre que le dénominateur.

129. *Quand est-ce qu'une fraction est plus grande que l'unité ?*

Une fraction est plus grande que l'unité lorsque le numérateur est plus grand que le dénominateur.

130. *Comment se nomme une fraction plus grande que l'unité ?*

Quand une fraction est plus grande que l'unité, on lui donne le nom d'*expression fractionnaire*.

Exemple : $\dfrac{15}{7}$, $\dfrac{18}{5}$.

151. *Comment réduit-on un nombre fractionnaire en expression fractionnaire ?*

Pour réduire un nombre fractionnaire en expression fractionnaire, on multiplie l'entier par le dénominateur de la fraction qui l'accompagne ; au produit, on ajoute le numérateur, et on donne à la somme, pour dénominateur, le dénominateur de la fraction donnée.

Exemple : $15 + \dfrac{7}{8} = \dfrac{15 \times 8 + 7}{8} = \dfrac{127}{8}$.

152. *Comment fait-on pour extraire les entiers d'une expression fractionnaire ?*

Pour extraire les entiers d'une expression fractionnaire, on divise le numérateur par le dénominateur. Le quotient entier est le nombre des unités contenues dans l'expression fractionnaire ; à ce nombre entier on joint une fraction qui a pour numérateur le reste, et pour dénominateur le diviseur.

Exemple : $\dfrac{127}{8} = 15 + \dfrac{7}{8}$.

DIX-HUITIÈME LEÇON.

Changements qu'éprouve une fraction quand on fait varier ses termes.

153. *Que devient une fraction quand on multiplie son dénominateur seul ?*

Si l'on multiplie le dénominateur seul d'une fraction par un nombre entier, la fraction devient autant de fois plus petite qu'il y a d'unités dans le nombre entier.

Soit $\dfrac{5}{7}$; en multipliant le dénominateur par 5, on a

$\dfrac{5}{35}$, fraction 5 fois plus petite que $\dfrac{5}{7}$; car on ne prend que le même nombre de parties, et ces parties ont été rendues 5 fois plus petites.

134. *Que devient une fraction si l'on multiplie par un nombre entier son numérateur seul?*

Si l'on multiplie le numérateur seul d'une fraction par un nombre entier, la fraction devient autant de fois plus grande qu'il y a d'unités dans ce nombre.

Soit $\dfrac{5}{7}$; en multipliant le numérateur par 5, on a

$\dfrac{25}{7}$, fraction 5 fois plus grande que $\dfrac{5}{7}$, car les parties exprimées par le dénominateur sont restées les mêmes, et l'on en prend 5 fois plus.

135. *Que devient une fraction quand on multiplie ses deux termes par le même nombre entier?*

Si l'on multiplie par le même nombre les deux termes d'une fraction, cette fraction ne change pas de valeur.

136. *Que devient une fraction quand on divise son dénominateur seul par un nombre entier?*

Si l'on divise le dénominateur seul d'une fraction par un nombre entier, la fraction devient autant de fois plus grande qu'il y a d'unités dans ce nombre.

Soit $\dfrac{25}{35}$; en divisant le dénominateur par 5, on a

$\dfrac{25}{7}$, fraction 5 fois plus grande que $\dfrac{25}{35}$; car on prend le même nombre de parties, et ces parties ont été rendues 5 fois plus grandes.

137. *Que devient une fraction quand on divise son numérateur seul par un nombre entier ?*

Si l'on divise le numérateur seul d'une fraction par un nombre entier, la fraction devient autant de fois plus petite qu'il y a d'unités dans ce nombre.

Soit $\dfrac{25}{35}$; en divisant le numérateur par 5, on a $\dfrac{5}{35}$, fraction 5 fois plus petite que $\dfrac{25}{35}$; car les parties exprimées par le dénominateur sont restées les mêmes, et l'on en prend 5 fois moins.

138. *Que devient une fraction quand on divise ses deux termes par un même nombre ?*

Si l'on divise par un même nombre les deux termes d'une fraction, cette fraction ne change pas de valeur.

139. *De combien de manières peut-on rendre une fraction un certain nombre de fois plus grande ?*

On peut rendre une fraction un certain nombre de fois plus grande de deux manières : en multipliant le numérateur ou en divisant le dénominateur.

140. *De combien de manières peut-on rendre une fraction un certain nombre de fois plus petite ?*

On peut rendre une fraction un certain nombre de fois plus petite de deux manières : en divisant le numérateur ou en multipliant le dénominateur.

DIX-NEUVIÈME LEÇON.

Simplification des fractions et réduction à leur plus simple expression.

141. *Qu'est-ce que simplifier une fraction ?*

Simplifier une fraction c'est la changer en une autre de même valeur, ayant des termes plus petits.

142. *Comment peut-on simplifier une fraction ?*

On peut simplifier une fraction en divisant ses deux termes par un même nombre.

On trouve ainsi que $\dfrac{24}{36}=\dfrac{12}{18}=\dfrac{6}{9}=\dfrac{2}{3}$, en divisant les deux termes successivement deux fois par 2, puis par 3.

143. *Toutes les fractions peuvent-elles être ainsi simplifiées ?*

Non, il faut pour cela que les deux termes puissent être divisés exactement par un même nombre.

144. *Comment nomme-t-on les termes qui n'ont point de diviseur commun ?*

On dit qu'ils sont *premiers entre eux*, et la fraction est appelée *irréductible*.

145. *Qu'est-ce qu'un nombre premier ?*

Un nombre premier est celui qui n'est divisible exactement que par lui-même et par l'unité. Exemple : 2, 3, 5, 7, 11, 13, 17, etc.

146. *Comment réduit-on une fraction à sa plus simple expression ?*

On supprime tous les facteurs communs à ces deux termes.

147. *Y a-t-il une méthode infaillible pour arriver à ce but ?*

Oui, c'est la méthode du *plus grand commun diviseur*.

Méthode du plus grand commun diviseur.

148. *Qu'appelle-t-on commun diviseur ?*

Un nombre est appelé *commun diviseur* d'autres nombres lorsqu'il les divise tous sans reste.

Des nombres peuvent avoir plusieurs diviseurs communs : le plus fort d'entre eux est nommé *plus grand commun diviseur*. Ainsi par exemple : 12, 24, 48, sont divisibles par 2, 3, 4, 6, 12; mais comme 12 surpasse tous les autres, il est le plus grand commun diviseur des nombres donnés.

149. *Qu'est-ce que le plus grand commun diviseur de deux nombres ?*

On appelle le plus grand commun diviseur de deux nombres, le plus grand nombre qui les divise exactement.

150. *Comment trouve-t-on le plus grand commun diviseur de deux nombres ?*

Pour trouver le plus grand commun diviseur de deux nombres, on divise le plus grand nombre par le plus petit, le plus petit par le premier reste, le premier reste par le second, et ainsi de suite jusqu'à ce que la division se fasse exactement ; le dernier diviseur employé est le plus grand commun diviseur cherché.

151. *Trouver le plus grand commun diviseur entre les deux nombres 13700 et 10975.*

Quotients. . . .	1	4	36	3
Dividendes 13700	10975	2725	75	25
		475		
Restes . . . 2725	0075	25	00	

1º Je divise 13700 *(le plus grand nombre)* par 10975 *(le plus petit)*; 2º je divise 10975 par 2725 *(le 1er reste)*; 3º je divise 2725 par 75 *(le 2e reste)* ; 4º je divise 75 par 25 *(le 3e reste)*, et comme le quotient est exact, j'en conclus que 25 est le plus grand commun diviseur.

Remarque. Quand ce dernier diviseur est 1, c'est que les deux nombres n'ont aucun diviseur commun autre que l'unité, et ils sont dits *premiers entre eux.*

152. *Comment réduit-on une fraction à sa plus simple expression par le moyen du plus grand commun diviseur ?*

Pour réduire une fraction à sa plus simple expression, on divise ses deux termes par leur plus grand commun diviseur, et les quotients sont les termes de la fraction réduite.

EXEMPLE : Soit la fraction $\dfrac{10975}{13700}$. Le plus grand commun diviseur de ces deux nombres étant 25, comme on l'a vu, je les divise chacun par ce nombre, et j'ai pour quotients 439 et 548, de sorte que la fraction $\dfrac{10975}{13700}$, réduite à sa plus simple expression, est $\dfrac{439}{548}$.

VINGTIÈME LEÇON.

Réduction des fractions au même dénominateur.

153. *Qu'est-ce que réduire des fractions au même dénominateur ?*

Réduire des fractions au même dénominateur, c'est trouver des fractions équivalentes aux fractions données ayant toutes le même dénominateur.

154. *Comment réduit-on des fractions au même dénominateur ?*

Pour réduire des fractions au même dénominateur, il suffit de multiplier les deux termes de chacune par le produit effectué des dénominateurs de toutes les autres.

Supposons d'abord qu'il n'y en ait que deux, $\dfrac{5}{6}$ et $\dfrac{3}{7}$; on multipliera les deux termes de chacune d'elles par le dénominateur de l'autre, et elles deviendront : $\dfrac{5 \times 7}{6 \times 7}$ et $\dfrac{3 \times 6}{7 \times 6}$ ou $\dfrac{35}{42}$ et $\dfrac{18}{42}$ qui ont le même dénominateur. S'il y en a plus de deux : soient les fractions $\frac{5}{7}$, $\frac{3}{8}$, $\frac{3}{4}$, $\frac{1}{6}$; en appliquant le procédé indiqué, elles deviendront :

$$\frac{5}{7} = \frac{5 \times 8 \times 4 \times 6}{7 \times 8 \times 4 \times 6}, \qquad \frac{3}{8} = \frac{3 \times 7 \times 4 \times 6}{8 \times 7 \times 4 \times 6},$$

$$\frac{3}{4} = \frac{3 \times 7 \times 8 \times 6}{4 \times 7 \times 8 \times 6}, \qquad \frac{1}{6} = \frac{1 \times 7 \times 8 \times 4}{6 \times 7 \times 8 \times 4},$$

ou en effectuant les multiplications :

$$\frac{960}{1344}, \qquad \frac{504}{1344}, \qquad \frac{1068}{1344}, \qquad \frac{224}{1344}.$$

155. *La réduction des fractions au même dénominateur en change-t-elle la valeur ?*

On ne change pas la valeur de chaque fraction, car on en multiplie les deux termes par un même nombre.

156. *Qu'est-ce que réduire les fractions au moindre dénominateur commun ?*

Réduire des fractions au moindre dénominateur commun, c'est leur donner à toutes pour dénominateur le plus petit multiple commun de tous les dénominateurs.

157. *Que fait-on pour trouver le plus petit dénominateur commun de plusieurs fractions irréductibles ?*

1° Lorsque le plus grand dénominateur est un multiple de tous les autres, il est lui-même le plus petit dénominateur commun.

Exemple: Soient les fractions $\frac{1}{2}$, $\frac{2}{3}$, $\frac{3}{4}$, $\frac{7}{8}$, $\frac{5}{12}$, $\frac{1}{24}$.

On remarquera facilement que le plus grand dénominateur 24 est un multiple de tous les autres.

2° Quant le plus grand dénominateur n'est pas divisible exactement par les autres, on peut le multiplier par 2, 3, 4, 5, etc., jusqu'à ce qu'on ait obtenu le nombre multiple qu'on prend pour dénominateur commun.

3° Lorsqu'on a trouvé le plus petit dénominateur commun, on le divise par chacun des dénominateurs, et on multiplie le numérateur de chaque fraction par le quotient correspondant à son dénominateur.

(Voir l'opération du n° 160).

VINGT-UNIÈME LEÇON.

Addition des fractions.

158. *Qu'est-ce qu'additionner des fractions?*

Additionner des fractions, c'est réunir toutes leurs parties pour en composer une seule fraction, qu'on appelle leur somme.

159. *Faut-il que les fractions à additionner aient le même dénominateur ?*

Si elles n'ont pas le même dénominateur, il faut les y réduire, car on ne peut réunir en un seul nombre que des parties de même espèce.

160. *Comment se fait l'addition des fractions ?*

Pour additionner des fractions, on commence par les réduire au même dénominateur, si ces dénominateurs sont différents ; on additionne les numérateurs et on donne à la somme, pour dénominateur, le dénominateur commun.

Soit, pour exemple, à additionner $\dfrac{5}{7}, \dfrac{3}{8}, \dfrac{3}{4}, \dfrac{5}{6}$.

Nous disposerons ainsi l'addition :

Plus petit dénom. com. 168

$$24\ \dfrac{5}{7}\ \ldots\ldots 120$$

$$21\ \dfrac{3}{8}\ \ldots\ldots 63$$

$$42\ \dfrac{3}{4}\ \ldots\ldots 126 \qquad 168$$

$$28\ \dfrac{5}{6}\ \ldots\ldots 140$$

$$\begin{array}{r|l} 449 & 168 \\ 113 & 2 \end{array}$$

La somme est $2 + \dfrac{113}{168}$.

Nous avons divisé le multiple commun 168 successivement par tous les dénominateurs, et nous avons écrit à gauche de chaque fraction le quotient correspondant ; puis nous avons multiplié chaque numérateur par le quotient écrit à sa gauche, et posé le produit à la droite de la fraction ; ces produits sont les numérateurs des fractions équivalentes aux proposées et ayant le dénominateur 168.

Ces numérateurs additionnés, comme la somme contenait plus de 168 cent soixante-huitièmes, nous avons extrait les entiers.

161. *Que faut-il faire à la fin de chaque addition de fractions ?*

À la fin de toute addition de fractions qui a donné pour résultat définitif une expression fractionnaire, il convient d'extraire les entiers.

162. *Comment se fait l'addition des nombres fractionnaires ?*

Quand on a des nombres fractionnaires à additionner, on fait d'abord la somme des fractions ; on en extrait les entiers, s'il y en a, et on les ajoute aux nombres entiers.

Soit, par exemple, à additionner $15\frac{5}{7}$, $12\frac{3}{8}$, $9\frac{3}{4}$.

Plus petit dénominateur 56.

$$15\;\frac{5}{7}\ldots\ldots 40$$
$$12\;\frac{3}{8}\ldots\ldots 21 \quad\big|\quad 56$$
$$9\;\frac{3}{4}\ldots\ldots 42$$
$$\text{Somme}\ldots 37+\frac{47}{56}\ldots 103 \;\big|\; 56$$
$$47 \;\big|\; 1$$

163. *Comment se fait l'addition des expressions fractionnaires ?*

L'addition des expressions fractionnaires se fait comme celle des fractions moindres que l'unité.

164. *Qu'appelle-t-on complément d'une fraction ?*

On appelle complément d'une fraction ce qui manque à cette fraction pour être égale à l'unité : ainsi, le complément de $\frac{3}{5}$ est $\frac{2}{5}$, de $\frac{5}{8}$ est $\frac{3}{8}$, etc.

165. *Comment fait-on la preuve de l'addition des fractions ?*

On fait la preuve de l'addition des fractions en additionnant les compléments de ces fractions ; réunissant le résultat de la première addition à la somme des compléments, il faut, pour que l'addition ait été bien faite, trouver autant d'entiers qu'il y a de fractions dans l'addition proposée, puisque chacune des fractions à additionner, jointe à son complément, égale l'unité.

EXEMPLE :

Addition.   Preuve.

$$\frac{67}{60}+\frac{173}{60}=\frac{240}{60}= \text{4 unités ; aussi il y avait quatre fractions à additionner.}$$

VINGT-DEUXIÈME LEÇON

Soustraction des fractions.

166. *Qu'est-ce que soustraire une fraction d'une autre ?*

Soustraire une fraction d'une autre, c'est trouver une troisième fraction qui, ajoutée à la première, donne pour somme la seconde.

167. *Faut-il que les fractions aient le même dénominateur ?*

On ne peut soustraire l'une de l'autre que des parties de même espèce, c'est-à-dire que des fractions de même dénominateur.

168. *Quelle est la règle pour soustraire une fraction d'une autre ?*

Pour soustraire une fraction d'une autre, il faut réduire ces fractions au même dénominateur, retrancher le plus petit numérateur du plus grand, et donner au reste, pour dénominateur, le dénominateur commun.

EXEMPLE : soustraire $\dfrac{4}{7}$ de $\dfrac{8}{9}$.

Dénominateur commun : 63.

$$
\begin{array}{c|c}
7\,\dfrac{8}{9} \;.\;.\;.\;.\; 56 & \\
& 63 \\
9\,\dfrac{4}{7} \;.\;.\;.\;.\; 36 & \\
\hline
\text{reste}\quad 20 & 63
\end{array}
$$

169. *Comment soustraire un nombre fractionnaire d'un autre ?*

Si l'on doit soustraire un nombre fractionnaire d'un nombre fractionnaire, on retranche la fraction du plus petit nombre de celle du plus grand, et l'entier du premier de l'entier du second ; les deux restes réunis forment le résultat demandé.

$$
\begin{array}{c|c}
\text{EXEMPLE : de } 4 + \dfrac{7}{8} \text{ ou } 21 & \\
& 24 \\
\text{ôter } 3 + \dfrac{2}{3} \text{ ou } 16 & \\
\hline
\text{reste 1 unité} + \dfrac{5}{24}. &
\end{array}
$$

170. *Que fait-on si la fraction du plus petit nombre est plus grande que la fraction du plus grand nombre ?*

Dans ce cas, on ajoute à la fraction du nombre supérieur une unité réduite en parties de même espèce que celles des deux fractions ; on opère alors la soustraction des deux fractions, devenue possible ; mais, en procédant à la soustraction des deux entiers, il faut, par compensation, augmenter l'entier du plus petit nombre d'une unité. EXEMPLE :

$$\begin{array}{l} \text{De } 4 + \dfrac{2}{3} \text{ ou } 16 \\[2mm] \text{ôter } 2 + \dfrac{7}{8} \text{ ou } 21 \end{array} \quad \Big| \quad 24$$

$$\text{reste } 1 + \frac{19}{24}.$$

171. *Comment retranche-t-on une fraction d'un nombre entier ?*

Pour retrancher une fraction d'un nombre entier, on la soustrait d'une unité entière convertie en fraction de même dénominateur, et l'on ôte au nombre entier l'unité dont on vient de faire usage.

Soit $\dfrac{5}{6}$ à retrancher de 9, on aura :

$$\begin{array}{lll} \text{De} & 9 \text{ ou } 8 + \dfrac{6}{6} \\[3mm] \text{ôter} & 0 \quad\quad \dfrac{5}{6} \\[3mm] \hline \text{reste} & 8 + \dfrac{1}{6}. \end{array}$$

172. *Comment se fait la preuve de la soustraction des fractions ?*

La preuve de la soustraction se fait pour les fractions et pour les nombres fractionnaires comme pour les nombres entiers.

VINGT-TROISIÈME LEÇON.

Multiplication des fractions.

173. *En quoi consiste la multiplication d'un nombre quelconque par une fraction ?*

Multiplier un nombre quelconque par une fraction, c'est composer un troisième nombre avec le nombre donné, de la même manière que la fraction multiplicateur a été composée au moyen de l'unité.

EXEMPLE : Soit 20 à multiplier par $\frac{4}{5}$.

$\frac{4}{5}$ étant composé de 4 fois le $\frac{1}{5}$ de l'unité, le produit du nombre 20 par $\frac{4}{5}$ se composera de quatre fois le $\frac{1}{5}$ de 20 ; multiplier le nombre 20 par la fraction $\frac{4}{5}$, ou prendre les $\frac{4}{5}$ de ce nombre 20, c'est la même chose.

174. *Combien de cas présente la multiplication des fractions ?*

La multiplication des fractions ordinaires présente quatre cas. On peut avoir à multiplier : 1° une fraction par un nombre entier ; 2° un nombre entier par une faction ; 3° une fraction par une fraction ; 4° un nombre fractionnaire par un nombre fractionnaire.

175. *Comment multiplie-t-on une fraction par un nombre entier ?*

Pour multiplier une fraction par un nombre entier, il faut multiplier son numérateur par le nombre entier, et donner au produit le dénominateur de la fraction.

176. *Comment multiplie-t-on un nombre entier par une fraction ?*

Pour multiplier un nombre entier par une fraction, il faut multiplier ce nombre par le numérateur de la fraction et donner au produit le dénominateur.

Soit le nombre 3 à multiplier par $\dfrac{4}{7}$.

D'après la définition de la multiplication, le produit se composera de quatre fois le $\dfrac{1}{7}$ de 3. Or, le $\dfrac{1}{7}$ de 3

$= \dfrac{3}{7}$, et 4 fois $\dfrac{3}{7} = \dfrac{4 \times 3}{7} = \dfrac{12}{7}$.

177. *Quelle conséquence peut-on tirer des deux résultats précédents ?*

Dans les deux cas précédents, on a obtenu le même résultat ; on peut donc, dans la multiplication des fractions, intervertir l'ordre des facteurs sans changer le produit.

178. *Comment multiplie-t-on une fraction par une fraction ?*

Pour multiplier une fraction par une fraction, on multiplie les numérateurs entre eux, et les dénominateurs aussi entre eux, et l'on donne le second produit pour dénominateur au premier.

Soit, par exemple, à multiplier $\dfrac{3}{8}$ par $\dfrac{4}{7}$.

D'après la définition de la multiplication, le produit cherché se composera de 4 fois le 7e de $\dfrac{3}{8}$. Or, le $\dfrac{1}{7}$

de $\dfrac{3}{8} = \dfrac{3}{8 \times 7}$; les $\dfrac{4}{7}$ donneront une fraction quatre

fois plus forte, ou $\dfrac{3 \times 4}{8 \times 7} = \dfrac{12}{56} = \dfrac{3}{14}$.

179. *Comment se fait la multiplication des expressions fractionnaires ?*

La multiplication des expressions fractionnaires se fait comme celle des fractions proprement dites.

$$\text{EXEMPLE}: \frac{8}{3} \times \frac{6}{2} = \frac{48}{6} = 8.$$

180. *Comment se fait la multiplication des nombres fractionnaires ?*

Quand l'un des facteurs ou les deux facteurs sont des nombres fractionnaires, on les réduit chacun en expression fractionnaire, et l'on opère comme il vient d'être dit.

$$\text{EXEMPLE}: \frac{46}{7} \times 3\frac{2}{5} = \frac{46}{7} \times \frac{17}{5} = \frac{46 \times 17}{7 \times 5} = \frac{782}{35} = 22 + \frac{12}{35}.$$

VINGT-QUATRIÈME LEÇON.

Division des fractions.

181. *Qu'est-ce que la division ?*

La division est une opération dans laquelle, connaissant un produit nommé *dividende*, et l'un de ses facteurs appelé *diviseur*, on cherche l'autre facteur nommé *quotient*.

182. *Combien de cas présente la division des fractions ?*

La division des fractions présente quatre cas :

On peut avoir à diviser : 1° une fraction par un nombre entier ; 2° un nombre entier par une fraction ; 3° une fraction par une fraction ; 4° un nombre fractionnaire par un nombre fractionnaire.

183. *Comment divise-t-on une fraction par un nombre entier ?*

Pour diviser une fraction par un nombre entier, on multiplie le dénominateur par le nombre entier, sans toucher au numérateur ; ou bien, quand le numérateur est multiple du diviseur, on divise le numérateur par le nombre entier.

184. *Comment divise-t-on un nombre entier par une fraction?*

Pour diviser un nombre entier par une fraction, on multiplie le nombre entier par la fraction diviseur renversée.

Soit à diviser 2 par $\dfrac{3}{4}$.

D'après la définition de la division, il s'agit de trouver un nombre qui, multiplié par $\dfrac{3}{4}$, reproduise le nombre 2 ; donc $2 = $ les $\dfrac{3}{4}$ du quotient. Cherchons les $\dfrac{4}{4}$ de ce quotient ou le quotient entier. Nous dirons : Puisque les $\dfrac{3}{4}$ du quotient $= 2$, $\dfrac{1}{4}$ vaudra 3 fois moins ou $\dfrac{2}{3}$, et les $\dfrac{4}{4}$ vaudront 4 fois plus, c'est-à-dire $\dfrac{2 \times 4}{3}$ ou $2 \times \dfrac{4}{3} = \dfrac{8}{3}$. Or, $\dfrac{4}{3}$ est la fraction diviseur renversée ; donc, etc.

185. *Comment divise-t-on une fraction par une autre fraction?*

Pour diviser une fraction par une autre fraction, on multiplie la fraction dividende par la fraction diviseur renversée.

Soit à diviser $\dfrac{2}{3}$ par $\dfrac{4}{5}$.

D'après la définition de la division, il s'agit de trouver un nombre qui, multiplié par $\frac{4}{5}$, reproduise $\frac{2}{3}$, donc $\frac{2}{3} = $ les $\frac{4}{5}$ du quotient.

Cherchons les $\frac{5}{5}$ du quotient ou le quotient entier.

Nous dirons : puisque les $\frac{4}{5}$ du quotient $= \frac{2}{3}$; $\frac{1}{5}$ vaudra 4 fois moins, ou $\frac{2}{3 \times 4}$, et les $\frac{5}{5}$ vaudront 5 fois ce dernier produit, ou $\frac{2 \times 5}{3 \times 4}$, ou $\frac{2}{3} \times \frac{5}{4} = \frac{10}{12}$. Or, $\frac{5}{4}$ est la fraction diviseur renversée ; donc, etc.

186. *Comment se fait la division des expressions fractionnaires ?*

La division des expressions fractionnaires se fait comme celle des fractions proprement dites.

187. *Comment se fait la division d'un nombre fractionnaire par un nombre fractionnaire ?*

Avant d'opérer la division, on les réduit chacun en expression fractionnaire, et l'on opère comme il vient d'être dit.

188. *Comment se font les preuves de la multiplication et de la division des fractions ?*

Elles se font comme celles des mêmes opérations sur les nombres entiers.

VINGT-CINQUIÈME LEÇON.

Fractions décimales.

NUMÉRATION.

189. *Qu'appelle-t-on fractions décimales ?*

On appelle *fractions décimales* des fractions qui résultent de la subdivision de l'unité en parties de dix en dix fois plus petites.

190. *Qu'est-ce qu'un nombre décimal ?*

On appelle *nombre décimal* un nombre qui renferme des unités entières accompagnées d'une fraction décimale.

191. *Qu'appelle-t-on chiffres décimaux ?*

On appelle *chiffres décimaux*, ou simplement *décimales*, les chiffres qui entrent dans l'écriture d'une fraction décimale.

192. *Comment a-t-on formé les fractions décimales ?*

On a formé les fractions décimales en divisant d'abord l'unité en dix parties égales appelées *dixièmes*, puis le dixième en dix parties égales appelées *centièmes*, puis le centième en dix *millièmes*, le millième en dix *dix-millièmes*, le dix-millième en dix *cent-millièmes*, le cent millième en dix *millionièmes*, etc.

193. *Quel est le principe fondamental de cette formation ?*

Dans la formation des fractions décimales, de même que dans la formation des nombres entiers, on voit se manifester ce double principe :

Une unité d'un ordre quelconque vaut dix unités de l'ordre immédiatement inférieur ; et dix unités d'un ordre quelconque valent une unité de l'ordre immédiatement supérieur.

194. *Comment écrit-on une fraction décimale ?*

Pour écrire en chiffres une quantité décimale, on

écrit d'abord les entiers, et 0 quand il n'y en a pas ; puis les dixièmes, les centièmes, les millièmes, etc., du nombre dicté, en remplaçant par des zéros les divers ordres manquants.

Soit proposé d'écrire en chiffres 25 unités quatre-vingt-seize dix-millièmes. On aura 25,0096.

195. *Quelle remarque fait-on pour faciliter l'écriture d'une fraction décimale ?*

En général, pour écrire une fraction décimale de rang quelconque, on emploie toujours un chiffre de moins que pour écrire le nombre entier de même nom (à part la terminaison *ième*).

Ainsi, pour écrire les dizaines, il faut *deux* chiffres ; pour écrire les *dixièmes*, il n'en faut *qu'un* : 0,5 cinq dixièmes.

Pour les centaines, il faut *trois* chiffres ; pour les *centièmes*, il n'en faut que *deux* : 0,05, cinq centièmes.

Pour les mille, *quatre* chiffres ; pour les *millièmes*, *trois* : 0,005, cinq millièmes.

Pour les dizaines de mille, *cinq* chiffres ; pour les *dix-millièmes*, *quatre* : 0,0005, cinq dix-millièmes.

D'après cette règle, le nombre décimal 10 unités 135 millionièmes s'écrira : 10,000135.

196. *De combien de manières peut-on énoncer un nombre décimal ?*

Un nombre décimal peut s'énoncer de deux manières :

1° On énonce d'abord la partie entière comme si elle était seule ; puis on énonce la partie décimale comme s'il s'agissait d'un nombre entier, et on termine ce dernier énoncé par le nom des unités du dernier chiffre à droite. EXEMPLE : 207,039 s'énonce : *deux cent sept unités trente-neuf millièmes.*

2° On énonce le nombre proposé en faisant abstraction de la virgule, et on termine cet énoncé par

le nom des unités décimales représentées par le dernier chiffre décimal du nombre proposé. EXEMPLE :
Le nombre 207,039 peut s'énoncer : *deux cent sept
mille trente-neuf millièmes.*

PROPRIÉTÉS DES NOMBRES DÉCIMAUX.

197. *Change-t-on la valeur d'un nombre décimal
en ajoutant ou en supprimant un ou plusieurs zéros
sur sa droite ?*

Un nombre décimal ne change pas de valeur lorsqu'on ajoute ou qu'on supprime des zéros sur sa
droite.

Par ex.: $3,05 = 3,0500$ car $\dfrac{5}{100} = \dfrac{500}{10000}$ (135).

198. *Comment rend-on un nombre décimal dix,
cent, mille..... fois plus grand ou plus petit ?*

Pour rendre un nombre décimal dix, cent, mille...
fois plus grand ou plus petit, il suffit de déplacer
la virgule d'un, deux, trois... rangs vers la droite ou
vers la gauche. EXEMPLES :
$$\dfrac{5,0035}{100} = 0,050035. \quad 5,0035 \times 100 = 500,35.$$

199. *Comment transforme-t-on un nombre décimal en fraction ordinaire ?*

Pour transformer un nombre décimal en fraction
ordinaire, il faut supprimer la virgule et diviser le
nombre entier ainsi obtenu par l'unité, suivie d'autant de zéros qu'il y a de chiffres après la virgule.

EXEMPLES : $8,3201 = \dfrac{83201}{10000}; \quad 0,024 = \dfrac{24}{1000}.$

Réciproquement, pour écrire sous forme de nombre décimal une fraction dont le dénominateur est
l'unité suivie d'un certain nombre de zéros, il suffit

de séparer par une virgule, à la droite de son numérateur, autant de chiffres qu'il y a de zéros au dénominateur.

Si le numérateur n'avait pas assez de chiffres, on placerait à sa gauche plusieurs zéros qui, sans en changer la valeur, rendraient l'opération possible.

EXEMPLES : $\dfrac{8}{1000} = 0,008$; $\dfrac{18}{100} = 0,18$.

VINGT-SIXIÈME LEÇON.

Addition des nombres décimaux.

200. *Donnez la règle pour l'addition des nombres décimaux ?*

Pour additionner les nombres décimaux, on les écrit les uns au-dessous des autres de manière que toutes les virgules se trouvent dans une même colonne verticale ; on fait l'addition en commençant par la droite, comme pour des nombres entiers, et on met à la somme une virgule au-dessous de la colonne des virgules.

Soit à additionner les nombres 34,5064 ; 9148,35 ; 7,8693 ; 4567,45.

Je dispose ces nombres comme l'indique la règle :

$$
\begin{array}{r}
34,5064 \\
9148,35 \\
7,8693 \\
4567,45 \\
\hline
\end{array}
$$

Total . . . 13758,1757

J'ajoute les unités de même espèce en commençant par les plus petites ; ce sont les dix-millièmes ; il y en a 7 : je passe ensuite à la colonne des millièmes, et j'en trouve 15 ; mais 15 millièmes valent 5 millièmes et 1 centième : j'écris les 5 millièmes et je retiens 1 centième pour le porter à la colonne des centièmes ; je continue ainsi jusqu'à ce que toutes les colonnes soient additionnées, j'écris le résultat de la dernière tel qu'il se trouve.

Soustraction des nombres décimaux.

201. *Donnez la règle pour la soustraction des nombres décimaux ?*

Pour retrancher deux nombres décimaux l'un de l'autre, on écrit le plus petit au-dessous du plus grand, en ayant soin que les virgules se correspondent dans une même colonne verticale ; puis si le plus grand nombre a moins de chiffres décimaux que le plus petit, on y ajoute assez de zéros pour qu'il en ait le même nombre ; on opère ensuite la soustraction comme pour les nombres entiers.

Soit à retrancher 25,9247 de 48,523.

J'écris d'abord les deux nombres comme on l'a expliqué dans la règle, et j'ajoute un zéro à la droite du plus grand, ce qui n'en change pas la valeur (197). J'ai ainsi :

$$
\begin{array}{lr}
\text{De} & 48,5230 \\
\text{ôter} & 25,9247 \\
\hline
\text{reste} & 22,5983
\end{array}
$$

Je dis alors : comme on ne peut pas retrancher 7 dix-millièmes de zéro, j'ajoute au nombre supérieur 10 dix-millièmes ; et alors, si de 10 dix-millièmes, on retranche 7 dix-millièmes, il reste 3 dix-millièmes ; seulement, comme j'ai ajouté 10 dix-millièmes ou 1 millième au nombre supérieur, il faut, pour ne pas altérer la différence, ajouter la même quantité au nombre inférieur ; je dis alors : 4 millièmes et 1 de retenue font 5 millièmes, qu'on ne peut pas retrancher de 3 millièmes : j'ajoute encore 10 millièmes au nombre supérieur, et je dis : 5 de 13, il reste 8 ; puis je continue toujours de même ; le reste est 22,5983.

Multiplication des nombres décimaux.

202. *Comment se fait la multiplication des nombres décimaux ?*

Pour multiplier l'un par l'autre deux nombres décimaux, on fait le produit comme s'il n'y avait pas de virgules, et on sépare à sa droite autant de chiffres décimaux qu'il y en a dans les deux facteurs.

Soit à multiplier 24,75 par 9,324.

$$
\begin{array}{r}
2\,4,7\,5 \\
9,3\,2\,4 \\
\hline
9\ 9\,0\,0 \\
4\,9\ 5\,0 \\
7\ 4\,2\,5 \\
2\,2\,2\ 7\,5 \\
\hline
2\,3\,0,7\,6\ 9\,0\,0
\end{array}
$$

On obtient ainsi pour résultat 230,76900 cent millièmes ou 230,769.

203. *Ne pourrait-on pas déduire cette règle de celle qui a été donnée pour la multiplication des fractions ?*

Oui ; on peut écrire les nombres précédents sous forme de fractions ordinaires et l'on est ramené à multiplier la fraction.

$$
\frac{2475}{100} \times \frac{9324}{1000} = \frac{23076900}{100000} = 230,769.
$$

On voit que cela revient à multiplier les deux nombres décimaux comme s'ils étaient entiers, et à séparer ensuite sur la droite du produit autant de chiffres décimaux qu'il y en a dans les deux facteurs.

Division des nombres décimaux.

204. *Comment se fait la division des nombres décimaux ?*

La division des nombres décimaux présente 3 cas:

1° Quand le dividende et le diviseur contiennent le même nombre de décimal, *on obtient le quotient en effectuant la division comme s'il n'y avait pas de virgule.*

La suppression de la virgule revient à multiplier le dividende et le diviseur par un même nombre ; ce qui, comme nous l'avons vu, ne change pas le quotient.

EXEMPLES :   20,50 | 10,25   0,024 | 0,006
           0 000 | 2 entiers.   0 000 | 4

Dans le second exemple, le quotient 4 marque que 6 millièmes sont contenus 4 fois dans 24 millièmes.

2° Lorsque le diviseur renferme plus de décimales que le dividende, *on ramène ce cas au précédent, en plaçant des zéros à la droite du dividende.*

EXEMPLE : $\dfrac{49,59}{3,306} = \dfrac{49,590}{3,306} = 15.$

3° Lorsque le dividende seul renferme des décimales ou que le diviseur en renferme moins, on fait la division en faisant abstraction de la virgule ; seulement on a soin, dans le premier cas, de mettre une virgule au quotient, lorsqu'on abaisse le chiffre des dixièmes, et dans le second cas, on sépare sur la droite du quotient un nombre de décimales égal à la différence des chiffres décimaux du dividende et du diviseur.

Examples :   45,36|24   45,36|2,4
             21,3 |1,89   21,3 |18,9
             2 16   2 16
             0 00   0·00

205. *Comment réduit-on une fraction ordinaire en fraction décimale ?*

Pour réduire une fraction ordinaire en fraction décimale, on dispose les deux termes comme pour une division et l'on écrit au quotient un zéro suivi d'une virgule, pour tenir lieu des entiers ; ensuite on divise le numérateur par le dénominateur, en réduisant successivement les restes en dixièmes, centièmes, millièmes, etc. On s'arrête quand l'opération se fait exactement, ou quand on a obtenu une approximation suffisante.

Exemple : Soit la fraction $\dfrac{3}{8}$ à convertir en décimales :

    30 | 8   Comme 3 ne peut pas contenir 8,
    60 |0,375   je mets un zéro et une virgule au
    40   quotient; puis je convertis les 3 uni-
    00   tés du dividende en dixièmes, en les

multipliant par 10. J'ai 30 dixièmes qui, divisés par 8, donnent pour quotient trois dixièmes. Je pose 3 à droite de la virgule et je réduis de même le reste 6 dixièmes en centièmes, en le multipliant par 10, ou en écrivant un zéro à sa droite. Faisant la division, j'obtiens 7 centièmes, que j'écris à la suite des dixièmes. Enfin réduisant le reste 4 en millièmes, et divisant 40 par 8, j'obtiens 5 millièmes, que j'écris à la suite des centièmes. L'opération ne donnant aucun reste, je conclus que la fraction décimale 0,375 a la même valeur que la fraction ordinaire $\dfrac{3}{8}$.

On trouve, par ce moyen, que $\dfrac{2}{3} = 0,6$ à un di-xième près ; 0,66 à un centième près, et que $\dfrac{5}{6} = $ 0,833 à moins d'un millième près.

Remarque. On pourrait aussi ajouter à la suite du numérateur dividende autant de zéros qu'on veut avoir de décimales, puis séparer celles-ci au quotient, après la division.

Example : Trouver à moins d'un millième près la valeur de la fraction $\dfrac{5}{7}$.

$$\begin{array}{c|c} 5000 & 7 \\ 10 & \overline{0,714} \\ 30 & \\ 2 & \end{array} \qquad \text{Réponse}: \dfrac{5}{7} = 0,714.$$

VINGT-SEPTIÈME LEÇON.

Système métrique.

DÉFINITIONS.

206. *Qu'est-ce que le système métrique ?*

Le *système métrique* est l'ensemble des poids et mesures adopté par le gouvernement français : il est appelé *métrique*, parce que le *mètre* en est la base ; on le nomme aussi *système légal*, parce que les mesures qu'il renferme sont les seules reconnues par les lois actuelles.

207. *Qu'appelle-t-on mesure en général ?*

On appelle mesure en général, une quantité connue prise pour terme de comparaison et qui sert à évaluer la grandeur d'autres quantités de même nature.

208. *Combien de sortes de grandeurs peut-on avoir à mesurer ?*

On peut avoir à mesurer :

1° Des *longueurs*, comme la distance d'un arbre à un autre ;

2° Des *surfaces*, ou toute grandeur qui a longueur et largeur, comme le plancher d'une salle ;

3° Des *volumes*, ou toute grandeur qui a longueur largeur et épaisseur, comme un bloc de pierre ;

4° Des *capacités*, ou tout ce qui peut contenir, comme un tonneau, un vase ;

5° Des objets quelconques, pour en connaître le poids;

6° Des monnaies.

209. *Quelles sont donc les mesures principales ?*

1° Les mesures de longueur, qui ont pour unité principale le *mètre linéaire* ;

2° Les mesures de surface, qui ont pour unité principale le *mètre carré* ;

3° Les mesures de volume, qui ont pour unité principale le *mètre cube* ;

4° Les mesures de capacité, qui ont pour unité principale le *litre* ;

5° Les mesures de poids, qui ont pour unité principale le *gramme* ;

6° Les mesures monétaires, qui ont pour unité principale le *franc.*

210. *Quelles dénominations donne-t-on aux mesures plus grandes que chaque unité du système métrique ?*

Quand on veut avoir des mesures plus grandes que chaque unité du système, ont fait précéder cette unité des mots :

> *Déca* qui signfie *dix* ;
> *Hecto* . . . *cent* ;
> *Kilo*. . . . *mille* ;
> *Myria* . . . *dix mille.*

Ainsi, un *décamètre* vaut dix mètres; un *hectomètre*, cent mètres; un *kilomètre*, mille mètres; un *myriamètre*, dix mille mètres. De même, un *décalitre* vaut dix litres; un *hectolitre* cent litres, etc.

211. *Quelles dénominations donne-t-on aux mesures plus petites que chaque unité du système métrique ?*

Quand on veut avoir des mesures plus petites que chaque unité, on met devant cette unité un des mots :

Déci qui signifie *dixième* ;
Centi . . . *centième* ;
Milli . . . *millième.*

Ainsi, un *décilitre* vaut la dixième partie du litre : un *centilitre*, la centième partie du litre ; un *milligramme*, la millième partie du gramme, etc.

212. *Qu'appelle-t-on mots multiples et mots sous-multiples décimaux dans le système métrique ?*

Les mots *déca, hecto, kilo, myria,* qui servent à désigner des quantités de dix en dix fois plus grandes, sont nommés *multiples décimaux*: et les mots *déci, centi, milli,* qui servent à désigner des quantités de dix en dix fois plus petites, sont nommés mots *sous-multiples décimaux.*

213. *Faites le tableau synoptique des mesures du système métrique ?*

Ces mesures sont indiquées dans le tableau suivant :

Tableau synoptique des Mesures métriques.

NOMS DES MESURES.	VALEUR NUMÉRIQUE	ÉCRITURE ABRÉGÉE.
Myriamètre . .	Dix mille mètres	Myriam. *ou* Mm
Kilomètre . . .	Mille mètres	Kilom. Km.
Hectomètre . .	Cent mètres	Hectom. Hm.
Décamètre . .	Dix mètres	Décam. Dm.
Mètre	Unité fondamentale du système. — Dix millionième partie du quart du méridien terrestre	Mètr. m.
Décimètre . .	Dixième du mètre	Décim. dm.
Centimètre . .	Centième du mètre	Centim. cm.
Millimètre . .	Millième du mètre	Millim. mm.
Hectare	Cent ares. — Dix mille mètres carrés .	Hect. *ou* Ha.
Are	Carré de dix mètres de côté. — Cent mètres carrés.	Ar. a.
Centiare . . .	Centième partie de l'are. — Un mètre carré	Cent. ca.
Décastère . . .	Dix stères	Décast. *ou* Ds.
Stère	Mètre cube	St. S.
Décistère . . .	Dixième du stère	Décist. ds.
Hectolitre . . .	Cent litres	Hectol. Hl.
Décalitre . . .	Dix litres.	Décal. Dl.
Litre	Décimètre cube	Lit. L.
Décilitre . . .	Dixième du litre	Décil. dl.
Centilitre . . .	Centième du litre	Centil. cl.
Myriagramme .	Dix mille grammes.	Myriagr. *ou* Mg.
Kilogramme . .	Mille grammes	Kilogr. Kg.
Hectogramme .	Cent grammes	Hectogr. Hg.
Décagramme .	Dix grammes	Décagr. Dg.
Gramme	Poids d'un centimètre cube d'eau distillée (pure)	Gr. G.
Décigramme . .	Dixième du gramme	Décigr. dg.
Centigramme .	Centième du gramme	Centigr. cg.
Milligramme .	Millième du gramme	Milligr. mg.
Franc	Pièce d'argent du poids de cinq grammes	Fr. *ou* F.
Décime	Dixième du franc	Déc. d.
Centime . . .	Centième du franc	C. c.

VINGT-HUITIÈME LEÇON.

MESURES DE LONGUEUR.

214. *Qu'est-ce que les mesures de longueur ?*

Les mesures de longueur sont celles au moyen desquelles on évalue les distances.

215. *Quelle est l'unité des mesures de longueur ?*

L'unité des mesures de longueur est le *mètre ;* il est la base de toutes les unités du système métrique.

216. *Comment a-t-on formé le mètre ?*

Pour avoir la longueur invariable du mètre, on a pris la *dix-millionième* partie du quart du méridien terrestre, c'est-à-dire de la distance comprise entre le pôle et l'équateur.

Du pôle à l'équateur il y a donc dix millions de mètres, et il y en a quarante millions dans le tour de la terre.

217. *Quels sont les multiples du mètre.*

Les multiples du mètre sont :

Le *décamètre,* l'*hectomètre,* le *kilomètre,* et le *myriamètre.*

218. *Quels sont les sous-multiples du mètre ?*

Les sous-multiples du mètre sont :

Le *décimètre,* le *centimètre* et le *millimètre.*

219. *Y a-t-il d'autres unités pour les mesures de longueur ?*

Toute mesure devant être proportionnée avec l'objet à mesurer, l'unité pour les routes sera le *kilomètre,* pour les très-grandes distances, le *myriamètre.* Le *décamètre,* ou la *chaîne métrique,* est employé par les arpenteurs pour la mesure des champs, des prés, des bois, etc.

Dans les autres circonstances, on compte les mètres avec les nombres ordinaires ; et l'on dit : dix mètres,

cent mètres, mille mètres d'étoffe, etc., et non un décamètre, un hectomètre, un kilomètre de drap.

Quelques mesures de longueur ont leur double et
leur moitié, à cause de leur fréquent usage. Voici
celles qui sont autorisées par la loi :

Le *décimètre* ($0^m,1$), le *double-décimètre* ($0^m,2$), *le
demi-décamètre* (5^m). Le *décamètre* (10^m), le *double-
décamètre* (20^m).

220. *Comment s'écrivent les nouvelles mesures de
longueur ?*

On voit dans le tableau synoptique qui précède, la
manière de représenter les nouvelles mesures ; c'est
par les lettres Mm, Km, Hm, Dm, pour les multiples
du mètre, et m, dm, cm, mm, pour le mètre et ses
sous-multiples.

221. *Quel est le rapport entre ces différentes mesures de longueur ?*

C'est le rapport décimal, c'est-à-dire qu'à partir du
myriamètre jusqu'au millimètre, chacune est dix fois
plus petite que celle qui la précède. Ainsi le kilomètre
est 10 fois plus petit que le myriamètre, l'hectomètre
est 10 fois plus petit que le kilomètre, et ainsi de suite.

222. *Quels avantages trouve-t-on dans ce mode de
division de l'unité principale ?*

Il y en a deux principaux. D'abord, il est extrême-
ment facile de passer d'une de ces unités à une autre :
il suffit de multiplier ou de diviser le nombre qui exprime une longueur par 10, 100, 1000, etc. En second lieu, les calculs qu'on aura à faire sur les
longueurs exprimées au moyen du mètre, de ses multiples ou de ses sous-multiples, se feront très-simple-
ment, parce que les nombres représentant ces longueurs seront toujours des nombres entiers ou décimaux.

On voit par là que la numération des mesures de

longueur est absolument la même que celle des nombres décimaux, soit pour la lecture, soit pour l'écriture, et que les règles établies pour les diverses opérations sur les nombres décimaux, conviennent également aux nombres représentant des mesures de longueur.

VINGT-NEUVIÈME LEÇON.

MESURES DE SURFACE.

223. *Quelle est l'unité de surface ?*
L'unité de surface est le carré ayant pour côté l'unité de longueur.

Ainsi, quand on prend le mètre pour unité de longueur, l'unité de surface est le carré ayant 1 mètre de côté ; c'est ce qu'on appelle le *mètre carré*. Quand on prend pour unité de longueur le décamètre, on prend pour unité de surface le *décamètre carré*, c'est-à-dire un carré ayant pour côté un décamètre.

224. *Quelles sont alors les diverses unités de surface ?*
Ce sont le *myriamètre carré*, le *kilomètre carré*, l'*hectomètre carré*, le *décamètre carré*, le *mètre carré*, le *décimètre carré*, le *centimètre carré* et le *millimètre carré*.

225. *Quel rapport y a-t-il entre ces différentes unités ?*
Chacune d'elles est cent fois plus grande que celle qui la suit immédiatement par ordre de grandeur. Ainsi, le mètre carré est 100 fois plus grand que le décimètre carré. Prenons, en effet, un décimètre carré, rangeons à côté de lui, le long d'une ligne droite, 9 autres décimètres carrés, nous aurons une tranche contenant 10 décimètres carrés et ayant 1

décimètre de largeur, et 10 décimètres ou 1 mètre de longueur. Pour faire 1 mètre carré, il faudrait évidemment 10 tranches pareilles. Donc, le mètre carré contient 10 fois 10 ou 100 décimètres carrés. Le même raisonnement s'appliquerait à toute autre unité de surface.

MÈTRE CARRÉ.

1	2	3	4	5	6	7	8	9	10
2									9
3									8
4									7
5									6
6									5
7									4
8									3
9									2
10	9	8	7	6	5	4	3	2	1

226. *Quels sont alors les rapports de chaque unité de surface avec toutes les autres ?*

Le *myriamètre carré* vaut :

1 0 0 kilomètres carrés,
1 0 0 0 0 hectomètres carrés,
1 0 0 0 0 0 0 décamètres carrés,
1 0 0 0 0 0 0 0 0 mètres carrés, etc.

Le *kilomètre carré* vaut :

1 0 0 hectomètres carrés,
1 0 0 0 0 décamètres carrés,
1 0 0 0 0 0 0 mètres carrés,
1 0 0 0 0 0 0 0 0 décimètres carrés, etc.

Le *mètre carré* vaut :

1 0 0 décimètres carrés,
1 0 0 0 0 centimètres carrés,
1 0 0 0 0 0 0 millimètres carrés.

227. *Comment évalue-t-on la partie décimale d'un nombre de mètres carrés ?*

Pour évaluer la partie décimale d'un nombre de mètres carrés, on partage cette partie décimale en tranches de deux chiffres, à partir de la virgule, en ayant soin, si le nombre des décimales est impair, de mettre un zéro à la droite de la dernière décimale : la première tranche exprime des décimètres carrés, la seconde des centimètres carrés, et la troisième des millimètres carrés.

S'il y avait plus de trois tranches, on pourrait énoncer les décimales en sus comme une fraction de millimètres carrés.

Si le nombre à énoncer était 5 $^{m.q.}$, 62645, je mettrais un 0 à la droite du dernier chiffre, et j'aurais 5$^{m.q.}$, 626450 ; les deux premières décimales exprimeraient 62 décimètres carrés ; les deux suivantes, 64 centimètres carrés, et les deux dernières 50 millimètres carrés, ou en une seule fois six cent vingt-six mille quatre cent cinquante millimètres carrés.

Remarque. Soit à énoncer 7.25.24.85 ^{m.q.}, 752 : puisqu'il y a une subordination analogue dans les diverses unités carrées, on peut aussi décomposer la partie entière de ce nombre exprimant des mètres carrés. A cet effet, on partage la partie entière de droite à gauche en tranches de deux chiffres : la 1re exprime des *mètres carrés* ; la 2e des *décamètres carrés* ; la 3e des *hectomètres carrés*, et ainsi de suite. Dans l'exemple ci-dessus, on énoncera la partie entière : 7 kilomètres carrés, 25 hectomètres carrés, 24 décamètres carrés et 85 mètres carrés, ou en une seule fois : sept millions deux cent cinquante-deux mille quatre cent quatre-vingt-cinq mètres carrés.

228. *Quel est l'usage du mètre carré et de ses sous-multiples ?*

Le mètre carré et ses sous-multiples sont d'un fréquent usage ; ils servent à évaluer les surfaces des travaux de maçonnerie, de menuiserie, de peinture, etc.

229. *Quelle est la mesure de surface spécialement employée pour la mesure des terrains ?*

C'est l'*are*.

230. *Qu'est-ce que l'are ?*

L'are est un décamètre carré.

231. *Quels sont les multiples et les sous-multiples de l'are ?*

Il n'y en a que deux :

L'*hectare*, qui vaut 100 ares ;

Le *centiare*, qui vaut $\dfrac{1}{100}$ d'are.

232. *Y a-t-il parmi les unités de surface que nous avons énumérées précédemment, une mesure égale à l'hectare, et une égale au centiare ?*

L'hectomètre carré vaut un hectare ; car l'hectomètre carré vaut 100 décamètres carrés, ou 100 ares, ou un hectare ; le centiare n'est pas autre chose que le mètre carré, car la centième partie d'un are ou d'un décamètre carré est un mètre carré.

TRENTIÈME LEÇON.

MESURES DE VOLUME.

Mètre cube ou stère.

233. *Qu'est-ce qu'un cube ?*
Un *cube* est un solide dont les six faces sont des carrés égaux.

234. *Qu'est-ce que le mètre cube ?*
Le *mètre cube* est un cube dont les six faces sont des mètres carrés.

235. *Qu'est-ce que le décimètre cube ?*
Le *décimètre cube* est un cube dont les six faces sont des décimètres carrés.

236. *Combien le mètre cube vaut-il de décimètres cubes ?*
Le mètre cube vaut mille décimètres cubes.

Pour nous en rendre compte, supposons que nous ayons une grande boîte cubique d'un mètre de côté et qui sera un mètre cube, et, d'une autre part, mille petites boîtes d'un décimètre de côté, et qui seront autant de décimètres cubes. Nous pourrons d'abord mettre à côté l'une de l'autre, dans le fond de la grande boîte, dix rangées de dix petites boîtes chacune. Mais cette couche de cent boîtes n'occupera que la dixième partie de la hauteur de la grande boîte ; nous pourrons donc, au-dessus de la première couche, placer neuf couches semblables, et alors la grande boîte, étant entièrement remplie, contiendra dix couches de cent boîtes, ou mille petites boîtes d'un décimètre cube.

Donc le *mètre cube vaut mille décimètres cubes.*

On prouverait de même que le décimètre cube vaut mille centimètres cubes, et que le centimètre cube vaut mille millimètres cubes.

Le mètre cube vaut donc :

1000 décimètres cubes.

1000 × 1000 ou 1,000,000 de centimètres cubes ;

1000 × 1000 × 1000 ou 1,000,000,000 de millimètres cubes.

237. *Comment évalue-t-on les fractions décimales du mètre cube ?*

Les décimales du mètre cube peuvent être évaluées de deux manières différentes :

1° En dixièmes, centièmes, millièmes, etc.; elles suivent alors les règles ordinaires de la numération ;

2° En décimètres cubes, centimètres cubes, millimètres cubes, etc.

Dans ce dernier cas, on écrit les décimètres cubes au rang des millièmes, parce qu'ils sont des millièmes du mètre cube ; les centimètres cubes, au rang des millionièmes, parce qu'ils sont des millionièmes du mètre cube, etc.; et par conséquent, il faut trois chiffres décimaux pour représenter les *décimèt. cubes,* trois chiffres de plus pour représenter les *cent. cubes,* et trois de plus encore pour représenter les *millimètres cubes ?*

15 mèt. cubes, 6 décimètres cubes, 25 centimètres cubes, 300 millimètres cubes, s'écrivent :

15 m. cub. 006,025,300, qu'on peut lire 15 m. cub. 6 millions 25 mille 300 millimètres cubes.

238. *Que représente le 1er, le 2e, le 3e etc. chiffre décimal à la droite des mètres cubes ?*

Le 1er chiffre décimal, à la suite des mètres cubes représente les dixièmes du mètre cube, ou les centaines de décimètres cubes ; le 2e, les centièmes du

mètre cube ou les dizaines de décimètres cubes ; le
3ᵉ, les millièmes du mètre cube, ou les unités de décimètres cubes ; le 4ᵉ les dix-millièmes du mètre cube,
ou les dixièmes du décimètre cube, ou les centaines
de centimètres cubes, etc.

239. *Quels sont les usages du mètre cube et de ses
sous-multiples ?*

Le *mètre cube* sert à évaluer les travaux de maçonnerie et de terrassement, les blocs de pierre, les bois
de construction, etc.

On prend pour unités les sous-multiples du mètre
cube, le *décimètre cube*, le *centimètre cube* et le *millimètre cube* lorsque les solides à évaluer sont de petites dimensions.

240. *Qu'est-ce que le stère ?*

Le *stère* est un volume qui égale un mètre cube.
C'est l'unité de mesure pour les bois de chauffage.

Le *stère* n'a qu'un multiple usité qui est le *décastère*, et un sous-multiple qui est le *décistère.*

On emploie généralement les dénominations ordinaires pour désigner un certain nombre de stères ; ainsi
l'on dit : 40 stères, 100 stères, 1000 stères, etc.; on
dit même 10 stères préférablement à un *décastère.*

TRENTE-UNIÈME LEÇON.

MESURES DE CAPACITÉ.

241. *Quelle est l'unité principale des mesures de
capacité ?*

L'unité principale des mesures de capacité pour
les liquides, les grains et les matières sèches divisées,
est le *litre.*

242. *Qu'est-ce que le litre ?*

Le *litre* est un vase dont la capacité est équivalente
au volume d'un décimètre cube.

243. *Quels sont les multiples du litre ?*
Les multiples du litre sont :
Le *décalitre*, qui égale 10 litres ;
Et l'*hectolitre*, qui égale 100 litres ;
244. *Quels sont les sous-multiples du litre ?*
Les sous-multiples du litre sont :
Le *décilitre*, qui égale la 10ᵉ partie du litre ;
Et le *centilitre*, qui égale la 100ᵉ partie du litre.
245. *En combien de classes se divisent les mesures employées pour les liquides ?*
Les mesures employées pour les liquides se divisent en trois classes : 1° celles qui doivent être établies en *cuivre*, en *tôle* ou en *fonte* ; 2° celles qui ne peuvent être établies qu'en *étain* ; 3° celles qui ne peuvent être établies qu'en fer-blanc.
246. *Quelle est la forme des mesures établies en cuivre, en tôle ou en fonte ?*
Les mesures en cuivre, en tôle ou en fonte sont des vases cylindriques étamés, dont la profondeur égale le diamètre ; elles sont employées dans le commerce en gros ; il y en a six.

Tableau des mesures en cuivre, en tôle ou en fonte.

NOMS DES MESURES.	DIMENSIONS INTÉRIEURES
1° Double-hectolitre....	633 millimètres 9 dixièmes.
2° HECTOLITRE........	503 — 1 —
3° Demi-hectolitre.....	399 — 3 —
4° Double-décalitre	294 — 2 —
5° DÉCALITRE........	233 — 5 —
6° Demi-décalitre	185 — 3 —

247. *Quelle est la forme des mesures qui ne peuvent établies qu'en étain ?*

Les mesures qui ne peuvent être établies qu'en étain sont des cylindres creux dont la profondeur est le double du diamètre ; elles sont employées dans le commerce en détail, et sont au nombre de huit.

Tableau des mesures en étain.

NOMS DES MESURES.	PROFONDEUR.		DIAMÈTRE.	
	Millim.	Dixièmes.	Millim.	Dixièmes.
1o Double-litre...	216	7	108	4
2o Litre........	172	0	86	0
3o Demi-litre.....	136	6	68	3
4o Double-décilitre	100	6	50	3
5o Décilitre	79	9	39	9
6o Demi-décilitre .	63	4	31	7
7o Double-centilitre	46	7	23	4
8o Centilitre....	37	1	18	5

248. *A quoi servent les mesures établies en fer-blanc et quelle en est la forme ?*

Les mesures établies en fer-blanc sont exclusivement destinées pour le lait et pour l'huile ; elles ont, comme les mesures en cuivre, la forme d'un cylindre dont la profondeur égale le diamètre.

La série de ces mesures commence au double-hectolitre et finit au centilitre.

249. *Comment se construisent les mesures employées pour les matières sèches.*

Les mesures employées pour les matières sèches doivent être construites en bois de chêne, de hêtre ou de noyer ; leur forme est cylindrique, et elles doivent avoir le diamètre égal à la profondeur.

Toutes les mesures en bois doivent être garnies dans leur partie supérieure d'une bordure de tôle rabattue, pour en conserver les dimensions.

La série de ces mesures commence au double-hectolitre et finit au demi-décilitre.

Tableau des mesures employées pour les matières sèches.

NOMS DES MESURES.	PROFONDEUR ET DIAMÈTRE.
1º Double-hectolitre..	633 millimètres 9 dixièmes.
2º HECTOLITRE......	503 — 1 —
3º Demi-hectolitre...	399 — 3 —
4º Double-décalitre...	294 — 2 —
5º DÉCALITRE.......	233 — 5 —
6º Demi-décalitre....	185 — 3 —
7º Double-litre......	135 — 6 —
8º LITRE...........	108 — 4 —
9º Demi-litre........	86 — 0 —
10º Double-décilitre...	63 — 4 —
11º DÉCILITRE........	50 — 3 —
12º Demi-décilitre....	39 — 9 —

TRENTE-DEUXIÈME LEÇON.

MESURES DE POIDS.

250. *Qu'appelle-t-on poids d'un corps ?*

On appelle poids d'un corps la pression que ce corps exerce contre l'obstacle qui s'oppose à sa chute.

251. *Qu'est-ce que le gramme ?*

Le *gramme* est le poids, dans le vide, d'un centimètre cube d'eau pure et prise à la température de 4 degrés du thermomètre centigrade.

252. *Quelles sont les autres unités de poids ?*

Les autres unités de poids sont le *décagramme*, l'*hectogramme*, le *kilogramme*, le *décigramme*, le *centigramme*, le *milligramme*.

Le *quintal métrique*, qui vaut 100 kilogrammes.

La *tonne* ou le *tonneau de mer*, qui vaut 1000 kilogrammes.

253. *Combien emploie-t-on de sortes de poids ?*

On emploie deux sortes de poids : ceux qui sont fabriqués en fonte de fer, et ceux qui sont fabriqués en cuivre.

254. *Quelle est la forme des poids en fonte ?*

La forme des poids de 50 et de 20 kilog., en fonte, est celle d'un prisme tronqué dont les angles sont arrondis ; la forme des autres poids, en fonte, est celle d'une pyramide tronquée dont la base est un hexagone régulier.

Ces poids sont détaillés dans le tableau suivant :

NOMS DES POIDS.	LEUR VALEUR en GRAMMES.	ABRÉVIATIONS sur la face supérieure	HAUTEUR DES POIDS.
			Millim.
50 kilogrammes.....	50,000	50 kilog.	136
20 kilogrammes.....	20,000	20 kilog.	100
10 kilogrammes.....	10,000	10 kilog.	82
5 kilogrammes.....	5,000	5 kilog,	66
Double-kilogramme..	2,000	2 kilog.	48
KILOGRAMME	1,000	1 kilog.	39
Demi-kilogramme ...	500	1/2 kilog.	31
Id.	500	5 hectog.	31
Double-hectogramme.	200	2 hectog.	23
HECTOGRAMME	100	1 hectog.	18
Demi-hectogramme..	50	1/2 hectog.	14

255. *Quelle est la forme des poids en cuivre, depuis celui de* 20 *kilogrammes jusqu'au gramme ?*

Les poids en cuivre, depuis celui de 20 kilog. jusqu'au gramme, ont la forme d'un cylindre surmonté d'un bouton.

La hauteur du cylindre doit égaler son diamètre, et celle du bouton en être la moitié ; cependant les poids *d'un* et de *deux* grammes doivent avoir le diamètre plus grand que la hauteur.

256. *Quelle est la forme et la matière des poids d'un demi-gramme et au-dessous ?*

Les poids d'un demi-gramme et au-dessous sont des lames minces et carrées, en cuivre, en argent ou en platine.

257. *N'y a-t-il pas d'autres poids en cuivre ?*

Il y a aussi des poids en cuivre, dans la forme de godets coniques, qui s'emboîtent les uns dans les autres. La série forme un poids d'un kilogramme.

258. *Peut-on établir une correspondance entre les unités de poids et les unités de volume ?*

Il existe entre ces deux espèces d'unités la correspondance suivante :

Un *mètre cube* d'eau pure pèse un *tonneau* ou une *tonne ;*

Un *hectolitre* d'eau pèse un *quintal ;*

Un *litre* d'eau pèse un *kilogramme ;*

Un *décilitre* d'eau pèse un *hectogramme ;*

Un *centilitre* d'eau pèse un *décagramme ;*

Un *centimètre* cube d'eau pèse un *gramme ;*

Un *millimètre* cube d'eau pèse un *milligramme.*

TRENTE-TROISIÈME LEÇON.

MONNAIES.

259. *Quelle est l'unité monétaire ?*

Le *franc* est l'unité des monnaies.

260. *Qu'est-ce que le franc ?*

C'est la valeur d'une pièce d'argent pesant 5 grammes, contenant les $\frac{835}{1000}$ de son poids d'argent pur et $\frac{165}{1000}$ de cuivre.

261. *Quels sont les multiples et les subdivisions du franc ?*

Le franc n'a pas de multiples ; ses subdivisions sont :

Le *décime*, qui vaut $\dfrac{1}{10}$ de franc.

Le *centime*, qui vaut $\dfrac{1}{100}$ de franc.

262. *Quelles sont les différentes espèces de monnaies employées en France ?*

Il y en a de trois espèces : la monnaie d'or, la monnaie d'argent, et la monnaie de bronze.

263. *Quelles sont les compositions de ces diverses monnaies ?*

La monnaie d'or comme la pièce de 5 fr. d'argent, contient les $\dfrac{9}{10}$ de son poids de métal fin, et $\dfrac{1}{10}$ de son poids d'alliage. On dit alors que ces monnaies sont au *titre* de $\dfrac{9}{10}$ ou $\dfrac{900}{1000}$.

Depuis 1866, le titre des pièces de 2 fr., de 1 fr., de 50 centimes et de 20 centimes n'est plus que de $\dfrac{835}{1000}$.

La monnaie de bronze contient :

$$\dfrac{95}{100} \text{ de son poids de cuivre ;}$$

$$\dfrac{4}{100} \ldots \ldots \text{ d'étain ;}$$

$$\dfrac{1}{100} \ldots \ldots \text{ de zing.}$$

264. *Quelles sont les valeurs légales des monnaies d'or et de bronze comparées à la valeur de la monnaie d'argent ?*

Aux termes de la loi, la monnaie d'or vaut, à poids

TRENTE-CINQUIÈME LEÇON.

MESURES DU TEMPS.

275. *Comment mesure-t-on la durée ?*

Pour mesurer la durée, on la compare avec une autre durée prise pour unité.

276. *Quelle est l'unité de temps ?*

Le *jour* est l'unité de temps la plus usuelle.

C'est le temps employé par la terre pour faire une révolution complète autour de son axe.

277. *Qu'est-ce que l'année ?*

L'année se compose d'environ 365 jours $\frac{1}{4}$. Elle se divise en douze mois, qui sont : janvier, 31 jours ; février, 28 ou 29 jours ; mars, 31 jours ; avril 30 jours ; mai, 31 jours ; juin, 30 jours ; juillet, 31 jours ; août, 31 jours ; septembre, 30 jours ; octobre, 31 jours ; novembre, 30 jours ; décembre, 31 jours.

Remarque. Le mois de févrïer n'a 29 jours que tous les quatre ans. Alors l'année a 366 jours, et se nomme *année bissextile.*

278. *Qu'est-ce qu'un siècle ?*

La durée de 100 ans s'appelle un *siècle.*

279. *Comment se subdivise le jour ?*

Le jour se subdivise en 24 *heures*, l'heure en 60 *minutes*, et la minute en 60 *secondes.*

7 jours font une semaine.

280. *Quelles sont les règles pour le calcul des mesures de temps ?*

Ce calcul diffère de celui des unités décimales ; nous allons donner des applications pour les quatre opérations.

PROBLÈME D'ADDITION. *Un marin a fait quatre voyages de longs cours,*

Le 1ᵉʳ a duré 2 ans 9 mois 15 jours ; le 2ᵉ, 3 ans 7 mois 18 jours ; le 3ᵉ, 4 ans 17 jours ; le 4ᵉ 11 mois. On demande quel temps ont exigé ces quatre voyages.

	2 ans	9 mois	15 jours.
	3	7	18
	4	0	17
	0	11	0
	11 ans	4 mois	20 jours.

Solution. On le connaîtra en faisant l'addition de toutes les quantités. Le total des jours $= 50$. Or, 50 jours valent 1 mois $+$ 20 jours (1) ; on pose 20 jours et l'on retient 1 mois pour l'ajouter aux mois. La somme de ceux-ci est 28 ou 2 ans 4 mois ; on écrit 4 mois, et l'on retient 2 ans ; enfin l'addition des onze ans donne 11 ; on conclut que les quatre voyages ont duré 11 ans 4 mois 20 jours.

PROBLÈME DE SOUSTRACTION. *Une personne, née le 20 mai 1813, est morte le 13 juin 1852. Combien a-t-elle vécu ?*

1851 ans	5 mois	12 jours.
1812	4	19
39 ans	0 mois	23 jours.

Solution. En n'écrivant de la date que ce qui est révolu, je trouve qu'à l'époque du décès de la personne, il s'était écoulé 1851 ans 5 mois 12 jours, et à celle de sa naissance, 1812 ans 4 mois 19 jours.

Ne pouvant ôter 19 jours de 12, j'ajoute 1 mois ou 30 jours à 12, ce qui fait 42 ; puis je dis : 19 de 42, reste 23, que j'écris sous les jours. Mais pour compenser l'erreur, j'augmente de 1 mois le nombre inférieur, etc., et je trouve que la personne avait 39 ans 0 mois 23 jours à sa mort.

(1) Dans les différents calculs, on suppose tous les mois de 30 jours.

PROBLÈME DE MULTIPLICATION. *Pour faire un kilomètre, un train de chemin de fer met 2 minutes 45 secondes 36 tierces. Combien mettra-t-il de temps pour parcourir 267 kilom. 78 décam.?*

Solution. 45 secondes $= \dfrac{45}{60}$ de minute $= 0^{min.},75 c.;$

et 36 tierces $= \dfrac{36}{3600} = 0^{min.}, 01$; $2^{min.}$ 45 secondes 36 tierces $= 2^{min.}, 76.$

Pour faire 1 kilomètre, il faut $2^{min.}, 76$; pour en faire 267,78 il faudra $2^{min.}, 76 \times 267,78 = 739^{min.}, 0728 = 12$ h. 19 min. 4 secondes 22 tierces.

2° PROBLÈME. *Quatre charrues de même force, marchant 12 heures par jour, en même temps, ont labouré une pièce de terre en 1 jour 6 heures 45 minutes. Combien une seule de ces charrues aurait-elle mis de temps ?*

1 jour	6 heures	45 minutes
4		
6 jours	3 heures	0 minute.

Solution. Il est manifeste qu'une seule charrue aurait mis 4 fois plus de temps, et qu'ainsi je dois multiplier par 4, 1 jour 6 heures 45 minutes.

Je commence par les dernières unités, en disant : 4 fois 45 minutes $= 180$ minutes ou 3 heures ; j'écris 0 et je retiens 3 heures. Puis 4 fois $6 = 24 + 3 = 27$ heures, ou 2 jours de travail plus 3 heures, j'écris 3 heures et je retiens 2 jours. Enfin, 4 fois $1 = 4$ et $2 = 6$ jours.

Le résultat demandé est donc 6 jours et 3 heures.

PROBLÈME DE DIVISION. *Un père disait à son fils : J'ai autant d'années que 6 ans 7 mois 28 jours sont contenus de fois dans 503 ans 2 mois 9 jours. Quel est mon âge ?*

Solution. 6 ans 7 mois 28 jours $=$ 6 ans $+$ $\frac{7}{12} + \frac{28}{360} =$ 6 ans, 661.

503 ans 2 mois 9 jours $=$ 503 ans $+\frac{2}{12} + \frac{9}{360} =$ 503 ans, 181.

Divisant 503, 181 par 6,661, il vient 75 ans, 5413, ou 75 ans 6 mois 14 jours.

Remarque. Pour trouver les mois et les jours contenus dans la fraction décimale 5413 dix-millièmes d'année, il suffit de la multiplier par 12, puisqu'un an $=$ 12 mois, et de multiplier ensuite par 30 jours les chiffres qui se trouvent à la droite de 6 mois.

0 année, $5413 \times 12 =$ 6 mois, 4956 ; 0 mois, $4956 \times$ 30 jours $=$ 14 jours, 8680.

TRENTE-SIXIÈME LEÇON.

Des rapports. — De la proportion.

281. *Qu'est-ce qu'un rapport ?*

Un *rapport* est le résultat de la comparaison de deux nombres.

282. *Combien y a-t-il de sortes de rapports ?*

Il y a deux sortes de rapports : le *rapport par différence* et le *rapport par quotient.*

283. *Qu'est-ce que le rapport par différence ?*

Le *rapport par différence* est l'expression de la soustraction de deux nombres. Ainsi, le rapport par différence de 20 à 5 est 20 — 5.

284. *Qu'est-ce qu'un rapport par quotient ?*

Un *rapport par quotient* est l'expression de la division de deux nombres. Le rapport par quotient de 20 à 5 est $\frac{20}{5}$ ou 20 : 5.

dépendantes l'une de l'autre, sont directement pro-portionnelles ?

Deux quantités concrètes sont *directement propor-tionnelles,* lorsque la 1re devenant 2, 3, 4,.... fois plus grande ou plus petite, la 2e devient en même temps 2, 3, 4,..... fois plus grande ou plus petite.

Ainsi, le prix d'une pièce d'étoffe est *directement proportionnel* à la longueur de cette pièce : car si cette longueur est rendue un certain nombre de fois plus grande, le prix devient le même nombre de fois plus grand.

293. *Quand est-ce que deux quantités concrètes et dépendantes l'une de l'autre sont inversement pro-portionnelles ?*

Deux quantités concrètes sont *inversement propor-tionnelles,* lorsque la 1re devenant 2, 3, 4,.... fois plus grande ou plus petite, la 2e devient 2, 3, 4,..... fois plus petite ou plus grande.

Ainsi, le nombre d'ouvriers nécessaires pour faire un certain ouvrage est inversement proportionnel au temps donné pour achever cet ouvrage ; car, si l'on y occupe trois fois plus d'ouvriers *(habileté égale)*, il faudra trois fois moins de temps.

294. *Quelle est la méthode pratique qu'on emploie pour trouver le rapport de deux grandeurs ?*

On les mesure toutes deux avec une même unité, et on prend pour termes du rapport les résultats ainsi obtenus.

Exemples : 1° *Deux vases ont des capacités de 8 litres et de 15 litres : quel est le rapport des capa-cités de ces deux vases.*

Le rapport de la capacité du premier vase à celle du second est $\dfrac{8}{15}$ et le rapport de la capacité du second vase à celle du 1er est $\dfrac{15}{8}$.

2° *Quel est le rapport de deux poids dont l'un est égal à 15 kilog., 28, et l'autre 6 kilog., 85 ?*

Ce rapport est $\dfrac{15,28}{6,85} = \dfrac{1528}{685}$ ou $\dfrac{685}{1528}$.

3° *La circonférence se divise en 360 degrés ; quel est le rapport d'un arc qui vaut 45 degrés à la circonférence entière ?*

Ce rapport est $\dfrac{45}{360} = \dfrac{1}{8}$.

4° *Le rapport d'une circonférence à son diamètre est à peu près égal à $\dfrac{22}{7}$; quelle est la longueur d'une circonférence dont le diamètre est de 8 mètres ?*

Solution : $8^{m.} \times \dfrac{22}{7} = \dfrac{8 \times 22}{7} = 25^{m.}\,143$ à un millimètre près.

TRENTE-SEPTIÈME LEÇON.

Problèmes relatifs à la proportion, résolus par la méthode de réduction à l'unité.

I. *25 mètres d'une étoffe coûtent 750 fr. ; combien doivent coûter 35 mètres de la même étoffe ?*

SOLUTION.

25 mètres coûtent 750 fr. ;

1 mètre coûte 25 fois moins, ou $\dfrac{750 \text{ fr.}}{25}$

35 mètres coûtent 35 fois plus qu'un mètre ou $\dfrac{750 \text{ fr.} \times 35}{25} = 1050$ fr.

II. *25 ouvriers ont mis 15 jours pour faire un certain ouvrage ; combien 20 ouvriers auraient-ils employé de jours pour faire le même ouvrage ?*

SOLUTION.

25 ouvriers ont mis 15 jours ;
1 ouvrier aurait mis 15 j. $\times$ 25 ;

25 ouvriers auraient mis $\dfrac{15\ \text{j.} \times 25}{20} = 18$ j. $\dfrac{3}{4}$.

III. *Le poids d'une pierre qui a 3 mètres de longueur, 1^m 15 de largeur, et 0^m 75 de hauteur, est 6054 kilogr. ; quel est le poids d'une pierre de même espèce qui a 2^m 50 de longueur, 0^m 84 de largeur, et 1^m 15 de hauteur ?*

SOLUTION.

Puisque la pierre pèse 6054 kilogr., sa longueur étant 3^m, sa largeur 1^m 15, et sa hauteur 0^m 75, si sa longueur n'était que de 1^m, sans changement pour les autres dimensions, le poids deviendrait 3 fois plus petit, c'est-à-dire $\dfrac{6054}{3}$ kilogr.

Le poids est $\dfrac{6054}{3}$ kilogr., quand la longueur de la pierre est 1^m, sa largeur 1^m 15, et sa hauteur 0^m 75 ; si la largeur devenait 1^m, sans changement pour les autres dimensions, le poids serait divisé par 1^m 15 ; ce poids serait donc : $\dfrac{6054}{3 \times 1{,}15}$ kilogr. ;

Si maintenant la hauteur devenait égale à 1^m, le poids serait encore divisé par 0,75 ; il serait donc

$$\dfrac{6054}{3 \times 1{,}15 \times 0{,}75}.$$

Si au lieu de 1^m de longueur, la pierre a 2^m 50 de longueur, le poids sera évidemment multiplié par 2,50 ; il sera donc : $\dfrac{6054 \times 2,50}{3 \times 1,15 \times 0,75}$.

De même, si au lieu de 1^m de largeur, la pierre a 0^m 84 de largeur, le poids sera multiplié par 0,84, ce qui donne : $\dfrac{6054 \times 2,50 \times 0,84}{3 \times 1,15 \times 0,75}$.

Enfin si la hauteur est 1^m 15 au lieu de 1^m, le poids sera encore multiplié par 1,15, ce qui donne pour le poids demandé :
$$\dfrac{6054 \times 2,50 \times 0,84 \times 1,15}{3 \times 1,15 \times 0,75} = 5658 \text{ kilogr., } 129.$$

295. *Comment calcule-t-on les valeurs trouvées ?*

On les simplifie le plus possible avant de faire les multiplications et la division.

IV. *6 ouvriers ont mis 18 jours pour labourer un champ qui a 620 mètres de longueur sur 250 mètres de largeur ; on demande combien 15 ouvriers mettront de jours à labourer un autre champ qui a 840 mètres de longueur et 250 mètres de largeur.*

SOLUTION.

Puisque 6 ouvriers ont mis 18 jours pour labourer 620 m. de long. et 240 m. de larg.,

1 ouvrier aurait mis 18×6 jours.

Si au lieu de 620 mèt. de long., cet ouvrier n'avait eu à faire que 1 mèt., il n'aurait mis que $\dfrac{18 \times 6 \text{ j.}}{620}$

Au lieu de 240 mèt. de largeur, s'il n'y avait eu que 1 mèt., l'ouvrier aurait mis $\dfrac{18 \times 6 \text{ j.}}{620 \times 240}$

15 ouvriers mettraient quinze fois moins de temps que 1 ouvrier pour faire un ouvrage, ce qui donne :

$$\frac{18 \times 6}{620 \times 240 \times 15} \text{ j. }$$ pour labourer 1 mèt. de long sur un mètre de large.

Pour labourer 840 mètres de long, il faudrait :
$$\frac{18 \times 6 \times 840}{620 \times 240 \times 15} \text{ j.}$$

Et si au lieu de 1 mèt. de larg. il y a 250 mèt.,

il faudra $$\frac{18 \times 6 \times 840 \times 250}{620 \times 240 \times 15} = 10 \text{ jours } \frac{5}{31} \cdot$$

V. On a fait parqueter une salle de 8^m 5 de long, sur 6^m 4 de large, pour la somme de 1280 fr. ; combien aurait-on payé si la salle avait eu 10^m 6 de long, sur 7^m 5 de large ?

SOLUTION.

8^m 5.　　6^m 4 . . 1280 fr.

1^m . . 　6^m 4 . . $\dfrac{1280}{8,5}$

1^m . . 　1^m . . . $\dfrac{1280}{8,5 \times 6,4}$

10^m 6. 　1^m . . . $\dfrac{1280 \times 10,6}{8,5 \times 6,4}$

10^m 6. 　7^m 5 . . $\dfrac{1280 \times 10,6 \times 7,5}{8,5 \times 6,4} = 1870 \text{ f. } 58.$

TRENTE-NEUVIÈME LEÇON.

RÈGLES D'INTÉRÊTS.

296. *Qu'appelle-t-on intérêt de l'argent ?*
On appelle *intérêt* le bénéfice que retire de son argent celui qui le prête.
297. *Combien distingue-t-on de sortes d'intérêts ?*

On distingue deux sortes d'intérêts : *l'intérêt simple* et *l'intérêt composé*.

298. *Qu'est-ce que l'intérêt simple ?*

L'intérêt est *simple* quand la somme prêtée, qu'on appelle *capital*, reste la même pendant la durée du prêt.

299. *Qu'est-ce que l'intérêt composé ?*

L'intérêt est *composé* lorsque, à la fin de chaque année, ou de tout autre temps convenu, l'intérêt s'ajoute au capital pour produire intérêt à son tour.

300. *Qu'appelle-t-on taux de l'intérêt ?*

C'est l'intérêt de 100 francs pendant un an.

Le *taux* à 4, 5, 6 pour 100 veut dire que 100 fr. rapportent 4, 5, 6 francs d'intérêt, et on l'indique de la manière suivante : 4 p. %, 5 p. %, etc.

301. *De quoi dépend l'intérêt d'une somme d'argent ?*

L'intérêt dépend :

1° De la grandeur de la somme qui rapporte intérêt : plus cette somme est forte, plus l'intérêt est grand ;

2° Du temps pendant lequel le capital reste placé : plus ce temps est considérable, plus l'intérêt est grand ;

3° Du taux : plus le taux est élevé, plus l'intérêt est fort.

302. *Quels sont les cas que l'on peut proposer sur les intérêts ?*

On peut en proposer quatre :

1° Trouver *l'intérêt*, connaissant le capital, le taux et le temps ;

2° Trouver le *capital*, connaissant l'intérêt, le taux et le temps ;

3° Trouver le *taux*, connaissant l'intérêt, le capital et le temps ;

4º Trouver *le temps*, connaissant l'intérêt, le capital et le taux.

1ᵉʳ Cas. TROUVER L'INTÉRÊT.

On demande l'intérêt d'une somme de 7240 fr. pour 3 ans 8 mois, à 6 pour °/₀ par an ?

SOLUTION.

100 fr. en 12 mois donnent 6 fr. d'intérêt. ;

$$1 \ldots 12 \ldots \ldots \quad \frac{6}{100}$$

$$1 \ldots 1 \ldots \ldots \quad \frac{6}{100 \times 12}$$

$$7240 \ldots 1 \ldots \ldots \quad \frac{6 \times 7240}{100 \times 12}$$

$$7240 \text{ en } 3 \text{ ans } 8 \text{ mois (ou 44 mois) } \frac{6 \times 7240 \times 44}{100 \times 12} = 1372 \text{ f.} 80.$$

Si nous convenons de représenter dans cette égalité l'intérêt par r, le capital par c, le taux par i, et le temps par t, nous aurons la formule générale :

$$r = \frac{c\,i\,t}{100}.$$

Il faut remarquer que, dans l'opération précédente, le temps est exprimé par $\frac{44}{12}$ d'année, s'il était exprimé en jours, on le représenterait par $\frac{1320}{360}$.

La formule $r = \frac{c\,i\,t}{100}$ signifie *qu'on obtient l'intérêt en multipliant le capital par le taux et par le temps.*

*et en divisant le produit par 100, si le temps est
exprimé en années, par 1200, s'il est exprimé en mois
et par 36000 s'il est exprimé en jours.*

2e Cas. Trouver le capital.

*Quelle est la somme qui, placée à intérêt simple
pendant 3 ans 2 mois, au 6 p. °/₀, rapporte 655 fr.
50 d'intérêt ?*

SOLUTION.

6 f. d'intérêt en 12 mois sont produits par 100 f. capital;

$$1 \text{ f.} \ldots 12^m \ldots \frac{100}{6}$$

$$1 \text{ f.} \ldots 1^m \ldots \frac{100 \times 12}{6}$$

$$655 \text{ f.} 50 \ldots 1^m \ldots \frac{100 \times 12 \times 655,50}{6};$$

$$655 \text{ f.} 50 \ldots 38^m \quad \frac{100 \times 12 \times 655,50}{6 \times 38} = 3450 \text{ f.}$$

Si l'on représente le résultat $\dfrac{100 \times 12 \times 655,50}{6 \times 38}$
par les lettres r, c, i, t selon ce que nous avons éta-
bli dans le premier cas, on aura $c = \dfrac{100 \times r}{i, t}$. (Le
temps est exprimé dans ce cas par $\dfrac{38}{12}$ d'années.)

*Donc, pour trouver le capital, il faut multiplier
les intérêts par 100 et diviser le produit par le taux,
puis par le temps mis sous forme de fraction, s'il ne
renferme pas des années entières.*

3e *Cas.* TROUVER LE TAUX.

A quel taux faut-il placer 5600 fr. pour qu'après 1260 jours cette somme rapporte 980 francs d'in-térêt?

SOLUTION.

5600 fr. en 1260 jours, ont produit 980 fr. d'intérêt ;

$$1 \text{ fr. . } 1260 \text{ j. a. } \ldots \ldots \frac{980}{5600}$$

$$1 \text{ fr. . } 1 \text{ j. } \ldots \ldots \frac{980}{5600 \times 1260}$$

$$100 \text{ fr. . } 1 \text{ j. } \ldots \ldots \frac{980 \times 100}{5600 \times 1260}$$

$$100 \text{ fr. . } 360 \text{ j. } \ldots \frac{980 \times 100 \times 360}{5600 \times 1260} = 5 \text{ p. } \%.$$

Si dans le résultat $\dfrac{980 \times 100 \times 360}{5600 \times 1260}$, on remplace les nombres par les lettres r, c, i, t, on aura : $i = \dfrac{r \times 100}{c, t}$.

Pour trouver le taux, il faut donc multiplier l'in-térêt par 100, et diviser ce produit par le capital, puis par le temps exprimé en fraction, s'il ne renferme pas des années entières. (Dans le cas qui nous occupe le temps est exprimé par $\dfrac{1260}{360}$ *.)*

4e *Cas.* TROUVER LE TEMPS.

Pendant combien de temps faut-il placer 6800 fr. à 6 %, pour qu'ils donnent 306 fr. d'intérêt?

SOLUTION.

Si 100 fr. pour rapporter 6 fr. d'intérêt, restent placés pendant 1 an ou 12 mois ;

1 fr. pour rapporter 6 fr., restera placé 100 fois plus de temps, ou 12 m. $\times$ 100 ;

1 fr. pour rapporter 1 fr. restera 6 fois moins que pour donner 6 fr. d'intérêt, ou $\dfrac{12^m \times 100}{6}$;

6800 pour rapporter 1 fr. d'intérêt, resteront placés 6800 fois moins que un fr., ou $\dfrac{12^m \times 100}{6 \times 6800}$;

Enfin 6800 fr., pour rapporter 306 fr., resteront placés 306 fois plus de temps que pour donner 1 fr. d'intérêt, ou $\dfrac{12^m \times 100 \times 306}{6 \times 6800} = 9$ mois.

En remplaçant les nombres de ce dernier résultat par les lettres r, c, i, t, on aura :

$$t = \frac{100 \; r}{i \times c} = \frac{51}{68} \text{ d'année ou 9 mois.}$$

Donc, *pour connaître le temps au bout duquel un capital donné rapporte un certain intérêt, on multiplie l'intérêt par 100, et on divise le produit par le capital multiplié par le taux ;* le résultat est exprimé en année, ou en fraction d'année.

Règle d'intérêt composé.

1° *On demande l'intérêt composé du capital 2400 francs placé pendant 3 ans à 5 pour 100 ?*

SOLUTION.

100 fr. rapportant 5 fr. dans un an , 1 fr. dans le même temps rapporte 100 fois moins, $\dfrac{5 \text{ f.}}{100}$ ou 0 f. 05.

Le capital de 1 fr. augmenté de son intérêt, vaut au bout de l'année 1 fr. 05, et 2400 fr. vaudront 2400 fois 1 fr. 05. Donc un capital étant placé au commencement d'une année quelconque à 5 p. %, on obtient sa valeur au bout de cette année, en multipliant sa valeur primitive par la valeur 1 fr. 05 que prend 1 fr. au bout d'un an.

Si le capital était placé au 6 p. %, on multiplierait par 1 fr. 06 ; au 7 p. % par 1 fr. 07 ; au 4 1/2 pour %, par 1 fr. 045.

Reprenons notre valeur 2400 × 1 fr. 05.

D'après la définition de l'intérêt composé, c'est là un nouveau capital, qui, placé au commencement de la 2ᵉ année, doit porter intérêt simple, à 5 p. % pendant ladite année.

D'après ce qui vient d'être dit, ce capital vaudra à la fin de cette seconde année : (2400 × 1,05) × 1,05.

Cette nouvelle valeur est celle du capital qui, placé au commencement de la 3ᵉ année, porte intérêt simple de 5 p. %, durant cette année. A la fin de cette 3ᵉ année, ce capital aurait pris une valeur égale à (2400 × 1,05 × 1,05) × 1,05 = 2778 fr. 30. L'intérêt composé de 2400 fr. pendant 3 ans est donc de 2778 fr. 30 — 2400 fr. = 378 fr. 30.

En général, *pour trouver l'intérêt composé d'un capital placé pendant plusieurs années, on cherche la valeur de 1 fr. au bout de la 1ʳᵉ année, et on fait le produit de ce capital par cette valeur prise autant de fois comme facteur qu'il y a d'années. Il suffit de retrancher du résultat le capital primitif pour avoir l'intérêt composé.*

2° Trouver le capital qu'il faut placer à 5 p. % et à intérêt composé, pendant 3 ans, pour qu'il vaille 2778 fr. 30, à la fin de l'année.

SOLUTION.

Si l'on connaissait ce capital, en le multipliant par $(1,05 \times 1,05 \times 1,05)$, on obtiendrait 2778 fr. 30, donc en divisant 2778,30 par $(1,05 \times 1,05 \times 1,05)$ on aura le capital demandé ; en effet on trouve

$$\frac{2778,30}{1,05 \times 1,05 \times 1,05} = 2400 \text{ fr.}$$

QUARANTIÈME LEÇON.

Règles d'escompte.

303. *Qu'appelle-t-on escompte ?*

On nomme *escompte* la *retenue* faite sur une somme payable au bout d'un certain temps et qu'on touche avant son échéance.

304. *Qu'est-ce qu'un billet ou un effet de commerce ?*

C'est un écrit par lequel un négociant s'oblige à payer à une autre personne une somme déterminée à une époque déterminée.

305. *Qu'appelle-t-on valeur nominale d'un billet ?*

C'est la somme inscrite sur le billet ; en d'autres termes, c'est la valeur qu'aura le billet le jour de l'échéance ; avant l'échéance, la valeur du billet est nécessairement plus faible que la valeur nominale.

306. *Combien y a-t-il de sortes d'escomptes ?*

Il y en a deux : l'escompte *commercial* ou *en dehors* et l'escompte *rationnel* ou *en dedans*.

307. *Qu'entend-on par l'escompte commercial ou en dehors?*

L'escompte *commercial* ou *en dehors* est l'intérêt simple que rapporterait la somme escomptée, ou la valeur nominale d'un billet, si elle était placée depuis l'époque du paiement jusqu'à celle de l'échéance. Ainsi, l'escompte commercial, à 5 pour 100, de 105 f. payables dans 360 jours est l'intérêt 5 f. 25 de 105 f. placés pendant 360 jours à 5 p. 0/0.

On voit que l'escompte en dehors s'obtient par une règle d'intérêt simple.

EXEMPLE : *Calculer l'escompte commercial, au taux de 5 p. 0/0, de la somme de 5100 fr. qu'on veut toucher aujourd'hui 23 octobre, et dont l'échéance a lieu le 5 janvier de l'année prochaine.*

SOLUTION.

On calcule d'abord le nombre des jours qui s'écoulent depuis le 23 octobre d'une année jusqu'au 5 janvier de l'année suivante, en disant :

Octobre 8 jours, novembre 30 jours, décembre 31 jours, janvier 5 jours ; ce qui donne en tout 74 jours.

Cela étant, on calcule l'intérêt simple de 5100 fr. placés à 5 p. 0/0 pendant 74 jours, en divisant le produit $(5100 \times 5 \times 74)$ par 36000, ce qui donne 52 fr. 41.

D'après ce qui précède, on toucherait immédiatement :

$$5100 - 52,41 = 5047 \text{ fr. } 59.$$

308. *Donnez la règle générale employée pour trouver l'escompte en dehors ou commercial ?*

En général, *pour trouver l'escompte commercial d'une somme donnée, on calcule d'abord le nombre de jours qui s'écoulent depuis l'époque du paiement jusqu'à celle de l'échéance ; puis on divise par 36000 le produit obtenu en multipliant la somme proposée par le taux et par le nombre de jours.*

309. *Qu'est-ce que l'escompte en dedans ?*

L'escompte en dedans d'une somme payable au

bout d'un certain temps est l'intérêt de sa valeur actuelle placée pendant le même temps ; ou autrement, l'excès de la somme proposée sur sa valeur actuelle.

Ainsi, l'escompte en dedans, à 5 0/0, de 105 fr. payables dans 360 jours, est l'intérêt de 100 fr., placés pendant 360 jours, à 5 p. 0/0, c'est-à-dire 5 fr., ou 105 francs. — 100 francs.

EXEMPLE : *On propose de trouver l'escompte en dedans, à 5 p. 0/0, de 5100 f., payables dans 74 jours.*

SOLUTION.

L'intérêt de 1 fr. pour 74 jours étant

$$\frac{1 \text{ fr.} \times 5 \times 74}{36000} \text{ ou } \frac{370}{36000} \text{ ou } \frac{37}{3600}.$$

La valeur de 1 fr. au bout de 74 jours est

$$1 + \frac{37}{3600} \text{ ou } \frac{3637 \text{ f.}}{3600}.$$

Le valeur actuelle de $\dfrac{3637 \text{ fr.}}{3600}$ payables dans 74 jours est égale à 1 fr.; donc on aura la valeur actuelle de 5100 fr. en divisant cette somme par $\dfrac{3637}{3600}$;

ce qui donne : $5100 : \dfrac{3637}{3600}$

$$\text{ou } \frac{5100 \times 3600}{3637} = 5048 \text{ fr. } 11 ;$$

l'escompte demandé est égal

à 5100 — 5048 fr. 11 = 51 fr. 89.

310. *Donnez la règle générale pour trouver l'escompte en dedans d'une somme payable dans un temps donné ?*

Pour trouver l'escompte en dedans d'une somme payable dans un temps donné, on cherche la valeur d'un franc avec son intérêt pour le temps donné ; et on divise par cette valeur la somme proposée ; en retranchant de cette somme le quotient ainsi obtenu, le reste est l'escompte demandé.

Compte d'intérêts entre deux commerçants.

Deux commerçants conviennent d'arrêter leur compte le 31 décembre 1867. Le 1ᵉʳ a reçu du second 1° 1500 francs en marchandises, payables le 9 mars 1867 ; 2° 300 francs en espèces, le 20 avril 1867 ; 4° 4500 fr. en marchandises, payables le 6 juin même année. Le second a reçu du premier 1° 750 fr. en marchandises, payables le 10 février 1867 ; 2° 2250 fr. en espèces, le 15 avril suivant ; 3° 2700 fr. en marchandises, payables le 5 mai 1867 ; trouver ce que l'un d'eux doit à l'autre à l'époque convenue, en tenant compte des intérêts simples à 5 pour 100.

SOLUTION.

Faisant d'abord abstraction des intérêts, on voit que le premier a reçu du second (1500 fr. + 3000 fr. + 4500 fr.) ou 9000 francs, et que le second a reçu du premier (750 fr. + 2250 fr. + 2700 fr.) ou 5700 fr.; donc le premier doit au second (9000 fr. — 5700 fr.) ou 3300 francs.

Mais les 1500 fr. payables le 9 mars 1867, ont porté intérêt depuis cette époque jusqu'au 31 décembre 1867, ou pendant 297 jours ; donc cet intérêt égale

$$\frac{1500 \times 5 \times 297}{36000} \text{ ou } \frac{1500 \times 297}{7200}.$$

Déterminant de la même manière les intérêts des autres sommes que le premier a reçues du second ou que le second a reçu du premier, et disposant le calcul de la manière suivante :

$$1500 \text{ fr.} \times 297^j = 445500 \qquad 750 \times 324 = 243000$$
$$3000 \text{ fr.} \times 255 = 765000 \qquad 2250 \times 260 = 585000$$
$$4500 \text{ fr.} \times 208 = 936000 \qquad 2700 \times 240 = 648000$$
$$\overline{9000} \text{ fr.} \qquad\qquad \overline{2146500} \quad \overline{5700} \qquad\qquad \overline{1476000}$$

$$9000 \text{ f.} - 5700 = 3300 ; 2146500 - 1476000 = 670500.$$

$$\frac{670500}{7200} = 93 \text{ fr.}, 12 ; 3300 \text{ fr.} + 93 \text{ fr.} 12 = 3393 \text{ f.} 12 ;$$

on trouve que le 31 décembre 1867, le premier devait au second 3393 fr. 12.

QUARANTE-UNIÈME LEÇON.

Partages proportionnels.

311. *Qu'entend-on par partager un nombre en parties proportionnelles.*

Partager un nombre en parties proportionnelles à plusieurs nombres donnés, c'est le partager en autant de parties qu'il y a de quantités proportionnelles données et dans les mêmes rapports que ces quantités ont entre elles.

Exemple : 1° *Soit 420 à partager en trois parties proportionnelles aux nombres 3, 5, et 6, c'est-à-dire en trois parties qui aient entre elles le même rapport que les nombres 3, 5 et 6.*

Supposons que le nombre 420 représente une somme à partager entre trois personnes, de manière que les parts soient entre elles comme les nombres 3, 5 et 6. On arrivera évidemment à faire ce partage, en donnant d'abord à la 1re personne 3 fr., puis à la 2e 5 fr., et la 3e, 6 fr., en répétant la même opération, jusqu'à ce que la somme soit épuisée, ou qu'il n'y reste plus assez pour une dernière opération complète.

Or, à chaque distribution, on donne 3 f. + 5 f. + 6 f. = 14 f., on pourra donc faire autant de distributions complètes que de fois 14 f. sont contenus dans 420 f.; il faut, par suite, diviser 420 par 14 pour savoir combien de fois on aura donné 3 f. à la 1re personne, 5 f. à la 2e, et 6 f. à la 3e. Les parts seront alors :

$$1^{re} \text{ part} := 3 \times \frac{420}{14} = 90 \text{ f.}$$

$$2^e \text{ part} := 5 \times \frac{420}{14} = 150$$

$$3^e \text{ part} := 6 \times \frac{420}{14} = 180$$

$$\text{Total.} \quad . \quad . \quad . \quad \overline{420} \text{ f.}$$

2° *Partagez 780 en quatre parties proportionnelles aux nombres 3, 5, 7 et 11.*

J'additionne d'abord les nombres 3, 5, 7 et 11, ce qui donne 26.

Si j'avais le nombre 26 à partager proportionnellement aux nombres 3, 5, 7 et 11, les parties seraient égales à ces nombres eux-mêmes, puisque leur somme est égale à 26.

Si au lieu de 26, on avait l'unité à partager proportionnellement aux nombres 3, 5, 7 et 11, les parties seraient 26 fois plus petites ; elles seraient par conséquent :

$$\frac{3}{26}, \frac{5}{26}, \frac{7}{26}, \frac{11}{26}.$$

Mais au lieu de l'unité, nous avons 780 à partager en parties proportionnelles aux nombres 3, 5, 7 et 11, les parties devront être 780 fois plus grandes.

Elles sont donc :

$$\frac{3\times780}{26}, \quad \frac{5\times780}{26}, \quad \frac{7\times780}{26}, \quad \frac{11\times780}{26}, \quad \text{ou, en faisant}$$

les calculs, 90, 150, 210, 330 ; en effet,

$$90 + 150 + 210 + 330 = 780.$$

312. *Donnez une règle générale pour résoudre les problèmes de ce genre.*

Pour partager un nombre en parties directement proportionnelles à différents nombres donnés, on additionne ces derniers nombres, et on divise le nombre à partager par cette somme.

Il suffit de multiplier le quotient successivement par chacun des nombres donnés pour avoir le résultat demandé.

Partagez 360 en deux parties proportionnelles aux fractions $\dfrac{3}{4}$ *et* $\dfrac{5}{6}$:

SOLUTION.

Je réduis les deux fractions données au même dénominateur, ce qui donne $\dfrac{18}{24}$ et $\dfrac{20}{24}$; il est clair que le rapport de ces deux fractions est le même que celui des nombres 18 et 20 ; le problème est alors ramené à ceux que nous avons résolus précédemment.

$$1^{re} \text{ partie} = \frac{360}{38} \times 18 = 170 + 20/38.$$

$$2^{e} \text{ partie} = \frac{360}{38} \times 20 = 189 + 18/38.$$

Total 360

313. *Ne peut-on pas avoir à diviser un nombre en parties inversement proportionnelles à des nombres donnés ?*

On peut avoir à partager un nombre en parties inversement proportionnelles à des nombres donnés ; dans ce cas, on considère ces nombres comme les dénominateurs de fractions qui ont toutes pour numérateurs l'unité. Les valeurs de ces fractions sont inversement proportionnelles à leurs dénominateurs.

EXEMPLE : *Cinq enfants ont à se partager une succession de 29000 fr. de manière qu'ils aient d'autant plus dans la succession qu'ils ont moins d'âge. Or, leurs âges respectifs étant 30, 20, 18, 12 et 10 ans, quelle sera la part de chacun ?*

Ce problème revient à celui-ci :

Partager le nombre 29000 en parties directement proportionnelles aux fractions $\frac{1}{30}, \frac{1}{20}, \frac{1}{18}, \frac{1}{12}$ et $\frac{1}{10}$ qui, réduites au même dénominateur donnent : $\frac{6}{180}, \frac{9}{180}, \frac{10}{180}, \frac{15}{180}, \frac{18}{180}$. En supprimant les dénominateurs, on aura à partager 29,000 fr. en parties proportionnelles à 6, 9, 10, 15, 18.

$$1^{re}\text{ partie} : = \frac{29000}{58} \times 6 = 3000\,f.$$

$$2^{e}\text{ partie} : = \frac{29000}{58} \times 9 = 4500$$

$$3^{e}\text{ partie} : = \frac{29000}{58} \times 10 = 5000$$

$$4^{e}\text{ partie} : = \frac{29000}{58} \times 15 = 7500$$

$$5^{e}\text{ partie} : = \frac{29000}{58} \times 18 = 9000$$

Total. . $\overline{29000\,f.}$

L'enfant de 10 ans aura 9000 fr.; id. de 12 ans, 7500 f.; id. de 18 ans, 5000 f.; id. de 20 ans, 4500 f. et celui de 30 ans, 3000 fr.

QUARANTE-DEUXIÈME LEÇON.

Règle de société.

314. *Qu'est-ce que la règle de société ?*

La *règle de société* a pour but le partage d'un bénéfice ou d'une perte entre plusieurs associés en raison des droits de chacun.

Leurs droits sont en raison directe de leurs mises en société et du temps qu'elles y sont restées.

315. *Quels sont les principes sur lesquels on s'appuie pour faire ces partages ?*

Voici trois principes d'après lesquels on peut faire ces partages :

1° *Lorsque les mises sont inégales et les temps égaux, les bénéfices ou les pertes sont proportionnels aux mises ;*

2° *Lorsque les mises sont égales et les temps inégaux, les bénéfices ou les pertes sont proportionnels aux temps ;*

3° *Lorsque les mises sont inégales et les temps inégaux, les bénéfices ou les pertes sont proportionnels aux produits des mises par les temps respectifs.*

Dans les deux premiers cas, la règle de société est *simple* ; dans le troisième cas, elle est *composée*.

1ᵉʳ PROBLÈME. *Trois personnes se sont associées ; la 1ʳᵉ a mis en société 75000 francs ; la 2ᵉ, 54000 francs ; la 3ᵉ, 240000 francs : le bénéfice résultant de leur société est de 123000 fr. On demande ce qui revient à chacune en proportion de sa mise.*

SOLUTION.

```
    7 5 0 0 0
    5 4 0 0 0
    2 4 0 0 0 0
Total 3 6 9 0 0 0
```

Pour résoudre ce problème, je fais d'abord la somme des mises ; ce qui donne 369000 fr. Maintenant je dis : Si les trois mises ou 369000 f. ont produit 123000 fr. de bénéfices, 1 fr.

a produit

369000 fois moins ou $\dfrac{123000}{369000}$;

75000 fr. ont produit $\dfrac{123000}{369000} \times 75000 = 25000$ fr.

54000 . . . — $\dfrac{123000}{369000} \times 54000 = 18000$

240000 . . . — $\dfrac{123000}{369000} \times 240000 = 80000$

Total, 123000 fr.

2e PROBLÈME. *Trois négociants ont mis en société chacun 25000 fr. ; le 1er a retiré ses fonds 10 mois avant la dissolution de la société, et le 2e deux mois plus tard ; la société a duré 2 ans, le bénéfice est de 24000 f. Que revient-il à chacun ?*

Solution. Les mises étant les mêmes, les parts seront proportionnelles aux temps.

La mise du 1er n'a été en société que 14 mois ; celle du 2e, 16 mois, et celle du 3e, 24 mois, on aura donc :

En 14 + 16 + 24 ou 54 mois, on a gagné 24000 francs.

$$\text{En 1 mois on a gagné } \frac{24000}{54};$$

$$\text{En 14 mois} \qquad \frac{24000}{54} \times 14 = 6222 \text{ fr. } 222$$

$$\text{En 16 mois} \qquad \frac{24000}{54} \times 16 = 7111 \text{ fr. } 111$$

$$\text{En 24 mois} \qquad \frac{24000}{54} \times 24 = 10666 \text{ fr. } 667$$

$$\text{Total, } 24000 \text{ fr.}$$

316. *Quelle est la règle générale pour la règle de société simple.*

RÈGLE. *Dans la règle de société simple, pour obtenir le bénéfice ou la perte d'un des associés, on multiplie le bénéfice ou la perte de la société par la mise de cet associé, ou par le temps qu'elle y est demeurée, et on divise le produit par la somme des mises ou par celle des temps.*

3e PROBLÈME. *3 personnes se sont mises en société : la 1re y a mis 2000 f. pendant 3 mois ; la 2e 5000 f. pendant 2 mois, et la 3e 1000 f. pendant 14 mois ; le gain total est de 900 fr. Que revient-il à chacune ?*

Ici le gain de chaque personne dépend de la mise et du temps que cette mise a été en société. Pour résoudre ce problème, on ramène les mises à l'unité de temps de cette manière :

2000 fr. pendant 3 mois produisent autant que 3 fois 2000 fr. pendant 1 mois.

5000 fr. pendant 2 mois produisent autant que 2 fois 5000 fr. pendant 1 mois.

1000 fr. pendant 14 mois produisent autant que 14 fois 1000 fr. pendant 1 mois.

La question se réduit donc à celle-ci : *Trois associés ont mis en société pendant un mois : le 1er, 6000 fr. ; le 2ᵉ, 10000 fr. ; le 3ᵉ, 14000 fr. ; ils ont fait un bénéfice de 900 fr. Que revient-il à chacun ?*

Cette opération est ainsi ramenée à une règle de société simple. D'après la règle du n° 316, on a :

$$6000 + 10000 + 14000 = 30000 \text{ fr.}$$

Le premier doit avoir $\dfrac{900 \times 6000}{30000} = 180 \text{ fr.}$

Le deuxième $\dfrac{900 \times 10000}{30000} = 300 \text{ fr.}$

Le troisième $\dfrac{900 \times 14000}{30000} = 420 \text{ fr.}$

317. *Quelle règle découle de cette manière d'opérer ?*

Si l'on fait attention que les nombres 6000 francs, 10000 fr., 14000 fr. sont les produits des mises par les temps de placement, on pourra établir cette règle générale :

Dans une règle de société composée, *pour obtenir le bénéfice ou la perte de chaque associé, multipliez le bénéfice ou la perte de la société par le produit de chaque mise par son temps, et divisez chaque résultat par la somme des produits des mises par le temps de placement.*

QUARANTE-TROISIÈME LEÇON.

Règle de mélange et d'alliage.

318. *Quel est le but de la règle de mélange et d'alliage ?*

La règle de mélange et d'alliage a pour but : 1° de trouver la valeur moyenne de plusieurs substances, quand on connaît la quantité et la valeur particulière de chacune d'elles ; 2° de déterminer la quantité de chaque espèce des substances qui doivent entrer dans le mélange ou l'alliage, lorsqu'on en connaît les prix ou les poids spécifiques, ainsi que la valeur ou le poids moyen de l'unité de mélange.

319. *Qu'appelle-t-on moyenne arithmétique entre plusieurs quantités ?*

C'est le quotient de la somme de ces quantités par leur nombre.

320. *Trouvez la moyenne arithmétique entre les cinq quantités représentées par les nombres 7, 10, 4, 5, 19 ?*

La moyenne est

$$\frac{7 + 10 + 4 + 5 + 19}{5} = \frac{45}{5} = 9.$$

321. *Quand on mélange plusieurs marchandises par parties égales, quel est le prix de l'unité du mélange ?*

C'est la moyenne entre les prix des marchandises qui entrent dans le mélange.

Supposons qu'on mélange trois espèces d'huile, la 1re à 1 fr. 50, la 2e à 1 fr. 80 et la 3e à 1 fr. 95 le kilogramme, il est clair que trois kilogrammes du mélange, contenant parties égales des trois espèces d'huile, vaudront

1 fr. 50 + 1 fr. 80 + 1 fr. 95 ou 5 fr. 25 ;

par suite un kilogramme du mélange vaudra

$$\frac{5 \text{ fr. } 25}{3} = 1 \text{ fr. } 75.$$

On voit que le prix d'un kilog. du mélange est bien la moyenne entre les prix d'un kilog. de chaque espèce d'huile.

322. *Quand on allie plusieurs métaux par parties égales, quel est le titre de l'alliage ?*

C'est la moyenne entre les titres des métaux qui entrent dans la composition de l'alliage.

Exemple : *Un orfèvre fond ensemble trois lingots*

d'argent du même poids de un kilog. chacun ; le 1ᵉʳ, est au titre de 0,930 ; le 2ᵉ, au titre de 0,885 ; le 3ᵉ, au titre de 0,852 ; quel sera le titre moyen ?

Le titre moyen sera

$$\frac{0,930 + 0,885 + 0,852}{3} = \frac{2,667}{3} = 0,889.$$

323. *Quand on mélange plusieurs marchandises par parties inégales, comment obtient-on le prix moyen du mélange ?*

Pour obtenir le prix moyen du mélange, on multiplie le nombre d'unités de chaque espèce par son prix ; on fait la somme de ces divers produits, et l'on divise cette somme par le total des unités qui forment le mélange.

Exemple. On mélange :

    24 litres de vin à 0 fr. 75 le litre.
    28   —   0 fr. 80
    60   —   1 fr. 00

Trouver le prix d'un litre de mélange.

SOLUTION.

    24 litres à 0 f. 75 valent 0 f. 75 × 24, ou 18 f. 00
    28   —   0 f. 80   —   0 f. 80 × 28, ou 22 f. 40
    60   —   1 f. 00   —   1 f. 00 × 60, ou 60 f. 00

Les 112 litres de mélange valent donc 100 f. 40 et par suite un litre vaut

$$\frac{100 \text{ fr. } 40}{112} = 0 \text{ fr. } 896.$$

324. *Comment détermine-t-on le titre moyen d'un alliage formé de plusieurs lingots dont les poids et les titres sont connus ?*

Pour déterminer le titre moyen d'un alliage formé de plusieurs lingots dont les poids et les titres sont connus, on multiplie le poids de chaque lingot par son titre ; on fait la somme des produits ainsi obtenus et celle des poids des lingots ; en divisant la somme des produits par celle qui représente le poids total des lingots, le quotient de cette division exprime le titre demandé.

EXEMPLE : *Un orfèvre fond ensemble trois lingots d'or :*

Le 1ᵉʳ pèse 65 grammes et est au titre de 0,900.
Le 2ᵉ pèse 72 — — 0,735.
Le 3ᵉ pèse 45 — — 0,850.
Trouver le titre de l'alliage obtenu.

SOLUTION.

On sait que le titre d'un alliage d'or est le rapport du poids d'or pur contenu dans l'alliage au poids total. Il suffit donc, pour avoir le titre, de calculer d'une part le poids d'or pur, de l'autre le poids total.

Le premier lingot étant au titre de 0,900 et pesant 65 grammes, contient 65 gr. $\times$ 0,900 d'or pur; le 2ᵉ en contient de même 72 gr. $\times$ 0,735; et le 3ᵉ 45 gr. $\times$ 0,850 ; faisant les calculs indiqués, on trouve que :

Les 65 g. du 1ᵉʳ contiennent 65 g. $\times$ 0,900, ou 58 g.500
Les 72 g. du 2ᵉ — 72 g. $\times$ 0,735, ou 52 g.920
Les 45 g. du 3ᵉ — 45 g. $\times$ 0,850, ou 38 g.250

Les 182 gr. du lingot résultant contiennent 149 g.670

d'or pur ; donc le titre de ce lingot est $\dfrac{149\ \text{gr.}\ 670}{182}$

$= 0,822.$

325. *Comment détermine-t-on les quantités de chaque espèce qui entrent dans un mélange ou dans un alliage, lorsqu'on connaît le prix ou le titre de chaque espèce des composants, et le prix ou le titre moyen du mélange ou de l'alliage ?*

Ou il n'y a que deux prix différents pour les objets du mélange, ou il y en a plus de deux.

Dans le 1er cas, on écrit le prix moyen, et à côté les deux prix des composants que l'on sépare par un trait vertical.

On prend ensuite la différence du plus haut prix sur le prix moyen, et on écrit cette différence vis-à-vis le plus bas prix.

On prend de même la différence du plus bas prix au prix moyen, et on l'écrit vis-à-vis le plus haut prix. La première différence exprime ce qu'il faut prendre d'unités du plus bas prix, et la seconde différence ce qu'il faut prendre d'unités de même nature du plus haut prix pour former un mélange du prix moyen.

1° EXEMPLE : *On a du vin à 50 centimes le litre, et du vin à 75 centimes ; on veut en faire un mélange à 60 centimes. Comment devra-t-on opérer ce mélange ?*

Je dispose ainsi l'opération et je dis :

$$60 \ \left|\ \begin{matrix} 75 & . & . & 10 \\ 50 & . & . & 15 \end{matrix} \right\} \ \text{or} \ \left\{ \begin{matrix} 75 \text{ c.} \times 10 \text{ lit.} = 7 \text{ f. } 50. \\ 50 \text{ c.} \times 15 \text{ lit.} = 7 \text{ f. } 50. \end{matrix} \right.$$

L'excès des 75 sur 60 est 15, que j'écris vis-à-vis 50 ; la différence de 50 à 60 est 10, que j'écris vis-à-vis 75.

Ainsi, pour faire le mélange demandé, on peut prendre 10 litres de vin à 75 centimes, et 15 litres à 50 centimes.

En effet, 10 litres à 75 centimes valent 7 fr. 50, comme 10 litres à 75 centimes.

Donc 10+15 litres du mélange ou 25 litres valent 15 fr. ; un litre vaut $\dfrac{15 \text{ fr.}}{25} = 0 \text{ fr.} 60.$

Il en doit être ainsi, car chaque litre à 50 cent., vendu 60 cent. donne un bénéfice de 10 cent.; et chaque litre à 75 cent. amène une perte de 15 cent. Or, il est évident que si l'on mélange 15 litres à 10 cent. de bénéfice et 10 litres à 15 cent. de perte, le bénéfice couvrira la perte, et que le mélange vaudra 60 centimes.

Mais le nombre 15 est la différence entre le plus haut prix et le prix moyen, et 10 est la différence entre le plus bas prix et le prix moyen, donc la première différence indique ce qu'il faut prendre du plus bas prix, et la seconde, ce qu'il faut prendre du plus haut prix.

Si l'on voulait faire 100 litres du mélange ci-dessus, on partagerait 100 en parties proportionnelles à 10 et à 15, et l'on aurait :

$$\frac{100}{10+15} \times 10 = 40 \text{ litres à } 75 \text{ centimes.}$$

$$\frac{100}{10+15} \times 15 = 60 \text{ litres à } 50 \text{ centimes.}$$

Dans le deuxième cas, où il y a plus de deux prix différents pour les composants, on fait autant de mélanges partiels de deux quantités qu'il y a de prix au-dessus du prix moyen, si ces prix sont en plus grand nombre que ceux qui sont au-dessous ; ou autant qu'il y a de prix au-dessous du prix moyen, si ceux-ci sont en plus grand nombre que ceux qui sont au-dessus ; et chacun de ces mélanges partiels se fait en suivant la règle établie plus haut, pour le cas où il n'y a que deux prix différents.

Si l'un des composants figure plusieurs fois dans le mélange, on fait la somme des quantités qui y sont entrées à différentes reprises.

EXEMPLE : *Un marchand a du café à 4 f., à 3 f. 60, à 2 f. 80, à 2 f. 20 et à 1 f. 50 le kilog.; il veut en faire un mélange à 2 f. 40 ; combien doit-il en prendre de chaque qualité ?*

Je dispose l'opération comme il suit :

	4 f. 00. . . .	20.	20
	3 f. 60. . . .	90.	90
2 f. 40	2 f. 80. . . .	20.	20
	2 f. 20. . . .	160 + 40. . .	200
	1 f. 50. . . .	120.	120

Total . . . . . 450 kilogr.

Je compare un prix inférieur à un prix supérieur, à volonté, car ce genre de problème rentre dans ceux que l'on appelle indéterminés, c'est-à-dire qui ont plusieurs solutions.

Comme il y a troix prix supérieurs, j'emploie un prix inférieur deux fois ; je dis : $2,40 - 2,20 = 20$ que j'écris vis-à-vis 4,00, et $4,00 - 2,40 = 160$ que j'écris vis-à-vis 2,20 ; puis, $2,40 - 1,50 = 90$ que je place vis-à-vis 3,60, et $3,60 - 2,40 = 120$ que je place vis-à-vis 1,50. Enfin, $2,40 - 2,20 = 20$ que j'écris vis-à-vis 2,80, et $2,80 - 2,40 = 40$ que je place vis-à-vis 2,20. (Les auteurs anciens disaient : *Il faut que chaque nombre rende à celui qui lui a donné.)*

J'écris de nouveau ces résultats, afin de faire la somme des quantités de la même espèce qui sont entrées plusieurs fois dans le mélange.

Ainsi, pour avoir un mélange à 2 fr. 40 le kilogr., on pourrait prendre 20 kilog. à 4 fr.; 90 kilogr. à 3 fr. 60 ; 20 kilog. à 2 fr. 80 ; 200 kilog. à 2 fr. 20, et 120 kilog. à 1 fr. 50.

On peut simplifier ces rapports en divisant par 10 chacun de leurs termes, et ils se trouvent ainsi réduits à 2, 9, 2, 20 et 12, dont la somme est 45.

Qu'il s'agisse maintenant d'en faire un mélange de

360 kilogr., on n'aura plus qu'à partager 360 en parties proportionnelles aux nombres 2, 9, 2, 20 et 12.

On trouverait 16 kilog. à 4 fr.; 72 kilog. à 3 fr. 60; 16 kilogr. à 2 fr. 80; 160 kilog. à 2 fr. 20, et 96 kilog. à 1 fr. 50.

Remarque. On reconnaîtra facilement que les problèmes relatifs aux alliages pourraient être résolus par des règles analogues à celles qui concernent les mélanges.

EXEMPLE : *Combien faut-il prendre de deux lingots d'or, l'un au titre de 0,865, l'autre au titre de 0,915, pour obtenir 25 grammes d'alliage au titre de 0,900?*

SOLUTION.

$$0,900 \begin{cases} 0,915 \ldots 35, \text{ ou } \dfrac{35}{5} \text{ ou } 7. \\[2ex] 0,865 \ldots 15, \text{ ou } \dfrac{15}{5} \text{ ou } 3. \end{cases}$$

Il ne s'agit plus que de diviser 25 grammes en parties proportionnelles à 35 et 15, ou 7 et 3. On aura :

$$\frac{25}{7+3} \times 7 = 17 \text{ grammes } 5.$$

$$\frac{25}{7+3} \times 3 = 7 \text{ grammes } 5.$$

$$\text{Total} \ldots 25 \text{ grammes.}$$

QUARANTE-QUATRIÈME LEÇON.

Fonds publics.

326. *Qu'appelle-t-on fonds publics ?*
On appelle *fonds publics* les créances que les par-

ticuliers ont sur l'État, les obligations et les actions de chemin de fer, de la ville de Paris, du Crédit Foncier, etc.

327. *En quoi consistent les rentes sur l'État ?*

Les *rentes sur l'État* sont les intérêts des divers emprunts qui ont été faits par le gouvernement, à différentes époques.

Ces rentes sont constatées par des *titres nominatifs* ou *au porteur*, et sont inscrites sur un registre que l'on appelle le *grand-livre* de la dette publique.

328. *Qu'appelle-t-on rentes nominatives ? — rentes au porteur ?*

On appelle *rentes nominatives* celles dont le titre porte le nom du possesseur, et *rentes au porteur*, celles dont le titre ne porte pas le nom du propriétaire de la rente.

329. *Qu'appelle-t-on tiers-consolidé ?*

En l'an VI de la République française, la dette de l'État fut réduite au tiers et garantie par les lois ; on lui donna alors le nom de *tiers-consolidé*.

Une banqueroute pareille ne peut se renouveler sous un gouvernement régulier ; mais cette perte de la part des créanciers de l'État donne des appréhensions et produit la hausse ou la baisse des fonds publics, selon les circonstances favorables ou défavorables où se trouve le gouvernement.

330. *Qu'est-ce que le cours de la rente ?*

Le cours de la rente est la somme variable qu'il faut payer pour avoir le taux.

331. *Combien distingue-t-on d'espèces de rentes sur l'État ?*

On distingue aujourd'hui trois espèces de rentes sur l'État : le 3 p. 0/0, le 4 0/0 et le $4\frac{1}{2}$ p. 0/0.

332. *D'où vient le nom de chaque espèce de rente ?*

Le nom de chaque espèce de rente vient de ce que le gouvernement s'est engagé à donner 100 fr. pour 3 fr., 4 fr., 4 fr. 50 de rente, s'il venait à rembourser le capital.

333. *A quelles époques se payent les rentes sur l'État ?*

Les rentes 3 p. 0/0 se payent tous les trois mois : le 1er janvier, le 1er avril, le 1er juillet et le 1er octobre.

Chaque paiement est le $\dfrac{1}{4}$ de la rente annuelle.

Le 4 et le $4\dfrac{1}{2}$ p. 0/0 se payent tous les semestres : le 22 mars et le 22 septembre.

334. *Quel est le privilége dont jouissent les rentes sur l'État ?*

Les rentes sur l'État sont *insaisissables*, c'est-à-dire que les tribunaux ne peuvent ordonner la saisie d'une rente comme ils ordonnent celle des meubles et des immeubles d'un débiteur qui ne peut s'acquitter d'une autre manière.

335. *Les rentes sont-elles transmissibles ?*

Les rentes peuvent se vendre, se donner ou passer par succession d'un propriétaire à un autre, sans autres frais que ceux de commission et de timbre. En cas de succession ou de donation, il suffit de présenter un certificat de propriété dûment enregistré.

On appelle *transfert* l'acte par lequel une mutation s'est opérée.

336. *Où se négocient les rentes et par qui ?*

Le commerce des rentes se fait à la Bourse et par l'intermédiaire des *agents de change*, qui prennent :

1° pour la commission ou le courtage $\dfrac{1}{8}$ p. 0/0, ou

$\frac{1}{800}$ du capital; 2º pour le timbre des bordereaux 0 fr. 50, lorsque le titre est au-dessous de 10000 fr. et 1 fr. 50 lorsque le titre est de 10000 et au-dessus.

337. *N'y a-t-il pas des cas où l'on peut acheter de la rente sur l'État sans le ministère d'un agent de change?*

Oui, c'est quand le gouvernement fait un emprunt par souscription publique ouverte à tout le monde, comme cela a eu lieu lors de la dernière guerre d'Italie, en 1859.

En souscrivant à ce genre d'emprunt, on n'a pas de courtage à payer; de plus, on n'est pas tenu de verser immédiatement tout le capital; il y a ordinairement 18 mois pour le payer en entier. D'un autre côté, ceux qui peuvent effectuer les versements avant les termes fixés, ont une bonification d'intérêts.

338. *En quoi consiste la caisse d'amortissement?*

En faisant un emprunt, le gouvernement prend des mesures pour que cette dette se paye peu à peu. C'est ce qu'on appelle *amortir la dette,* ou l'éteindre.

L'administration créée pour cet objet se nomme *Caisse d'amortissement.*

339. *Comment se font les marchés à la Bourse de Paris?*

Les marchés se font *au comptant* ou *à terme.* Ceux-ci sont dits *marchés fermes* ou *à primes.*

340. *A quelles conditions se font les marchés au comptant?*

Les achats au comptant se font généralement au *cours moyen* du jour. Pour plus de simplicité, les agents de change sont convenus de prendre, pour cours moyen, la demi-somme du *cours le plus haut* et du *cours le plus bas.*

341. *A quelles conditions se font les marchés fermes ou à primes ?*

Dans les marchés *fermes*, le vendeur et l'acheteur s'engagent à livrer ou à accepter la rente à la fin du mois courant ou du mois suivant, à un cours convenu.

Dans les marchés *à primes*, qu'on nomme aussi *marchés libres*, le vendeur seul est engagé.

Si, par exemple, j'achète *à primes* une rente de 1200 fr. à 68 fr. le 3 p. 0/0, pour être livrée à la fin du mois courant, je paye comptant au vendeur une somme appelée prime, et qui est de 0 fr. 50 ou 0 fr. 75, ou 1 fr. etc., p. 0/0, selon les circonstances. Si, au bout du mois, je ne veux pas prendre la rente, parce que je la trouve trop cher, je perds la prime, mais si je prends la rente, ce que j'ai payé est un à-compte.

Les 1200 fr. de rente à 68 fr. donnent pour capital :

$$\frac{68 \times 1200}{3} = 27200 \text{ fr.}$$

Je suppose que la prime payée d'avance soit de 0 fr. 75 p. 0/0 ; puisque le capital est 27200 fr., la prime a dû être :

$$\frac{27200 \times 0{,}75}{100} = 204 \text{ fr.}$$

C'est donc une perte de 204 fr,, si je ne tiens pas le marché ; dans le cas contraire, on me livrera la rente, et j'aurai encore à payer 27200 — 204 = 26996 f.

342. *Donnez quelques explications sur l'extrait suivant de la cote des rentes françaises, telle qu'elle se publie chaque jour ?*

BOURSE DE PARIS

Vendredi, 25 octobre 1867.

Rentes françaises.	Au comptant.			
3 p. 0/0 j. 1er octobre.	68,45	50	05	10
4 1/2 0/0 j. 22 septembre.	98,00	25	97,75	98,00
4 p. 0/0 j. 22 septembre.	89,00			

Ces mots j. 1er octobre, j. 22 septembre, se lisent : *jouissance* du 1er octobre, *jouissance* du 22 septembre, et signifient que celui qui a acheté de la rente le 25 octobre, jouira des intérêts de la rente 3 p. % à partir du 1er octobre courant, et pour les autres fonds, à partir du 22 septembre précédent.

Les nombres 68,45 — 50 — 05 — 10 signifient que la Rente 3 % s'est vendue à la Bourse, le 1er octobre, 68,45 — 68,50 — 68,05 — 68,10. Le prix moyen a été $\dfrac{68,45 + 68,10}{2} = 68,27$.

325. *Qu'entend-on par le détachement du coupon ?*

Un certain nombre de jours avant chaque époque de paiement, vers le 25 septembre pour le 3 p. %, vers le 7 septembre pour le 4 et le $4\frac{1}{2}$ p. %, on *détache le coupon*, c'est-à-dire que de ces époques jusqu'à celles du 1er octobre pour le 3 p. %, et du 22 septembre pour le 4 et le $4\frac{1}{2}$ p. %, ce n'est pas *l'acheteur* mais *le vendeur* de la rente qui touche le coupon d'intérêt des six mois précédents.

Tandis que si l'on achète de la rente avant le détachement du coupon, on acquiert l'intérêt de tout le temps écoulé depuis le dernier détachement du coupon.

Le détachement du coupon doit donc avoir une grande influence sur le cours de la rente.

En même temps qu'on détache le coupon, on remplace sur la cote officielle ces mots : *j. du 1ᵉʳ octobre, j. du 22 septembre,* par ceux-ci : *j. du 1ᵒʳ janvier, j. du 22 mars.*

Actions et obligations.

344. *Qu'appelle-t-on action dans une entreprise?*

Les fondateurs d'une entreprise présumée productive, partagent les fonds nécessaires à cette entreprise en parties assez petites pour qu'un grand nombre de personnes puissent y prendre part plus facilement. Ces sommes partielles se nomment *actions.*

345. *Quels droits donne une action dans une entreprise ?*

Une action donne droit à une part proportionnelle dans les pertes ou les bénéfices annuels de la compagnie, et dans l'actif ou le passif d'une compagnie au moment de sa dissolution.

346. *Qu'appelle-t-on dividende?*

On appelle *dividende* la part de bénéfice qui revient à chaque actionnaire.

Dans la plupart des compagnies, le dividende est distribué aux actionnaires en deux parties distinctes : l'une *fixe*, qui prend le nom d'intérêt ; l'autre *variable,* qui conserve le nom de *dividende.*

347. *Qu'est-ce que les obligations?*

Les *obligations* sont des titres qui donnent droit à un intérêt fixe et annuel ; elles doivent être rachetées par les compagnies qui les ont souscrites, moyennant un capital désigné au moment de leur émission, quand le numéro d'ordre de chacune sortira à l'un des tirages annoncés sur le titre.

348. *Les compagnies sont-elles tenues de rembourser les obligations avant les actions ?*

Les obligations représentent de l'argent prêté aux compagnies ; celles-ci sont donc tenues de les rembourser avant les actions, pour l'intérêt et le capital.

Ex.: Une obligation de chemin de fer de 500 fr. (3 p. 0/0) donne droit à 15 fr. de rentes payables par moitié tous les six mois, et sera remboursée à 500 fr. quand elle tombera au sort à un des tirages annuels annoncés sur le titre.

Certaines obligations donnent droit, en outre, à des primes plus ou moins fortes quand leurs numéros sortent les premiers, de 1 à 15, par ex., dans un des tirages au sort.

349. *Comment s'achètent les obligations ?*

Les obligations s'achètent à la bourse, comme la rente, par le ministère d'un agent de change, ou directement, dans les bureaux des compagnies, quand elles sont en cours d'émission. On paye quand il y a lieu un courtage de $\frac{1}{8}$ p. 0/0 et de plus le timbre comme pour la rente.

350. *Comment se détache le coupon de rente des obligations ?*

Le coupon se détache le jour de l'échéance. L'acheteur a droit à la rente entière du semestre commencé quand il achète.

Assurances.

351. *Qu'est-ce que l'assurance ?*

L'assurance est un acte par lequel une compagnie promet à un propriétaire de l'indemniser des pertes qu'il pourrait éprouver sur une valeur quelconque, pendant un temps déterminé, par suite d'un certain sinistre, moyennant une somme annuelle appelée *prime d'assurance*. L'objet assuré se nomme *risque*.

Le contrat d'assurance entre *l'assureur* et *l'assuré* se nomme *police*.

I. *Une maison estimée 65000 fr. est assurée contre l'incendie moyennant une prime de 1 fr. 20 p. 1000 francs par an ; quel est le montant de l'assurance ?*

SOLUTION.

$$\frac{65000 \times 1,20}{1000} = 78 \text{ francs.}$$

Le montant de la prime à payer chaque année à la compagnie est de 78 fr.

II. *Quelle est la valeur d'une maison pour laquelle on paye 78 fr. de prime par an, au taux de 1 fr. 20 pour 1000 fr.*

SOLUTION.

$$\frac{1000 \times 78}{1,20} = 65000 \text{ fr.}$$

La valeur de la maison assurée est de 65000 fr.

QUARANTE-CINQUIÈME LEÇON.

Application du Système métrique à la mesure des Surfaces et des Solides.

DÉFINITIONS:

352. *Combien l'étendue limitée a-t-elle de dimensions ?*

L'étendue limitée a trois dimensions : *longueur, largeur et hauteur.*

Une seule dimension représente *une ligne*.

L'ensemble de deux dimensions représente *une sur- face*.

L'ensemble des trois dimensions représente *un so- lide*.

L'extrémité d'une ligne, le lieu d'intersection de deux lignes se nomment *point*.

353. *Combien y a-t-il d'espèces de lignes?*

Il y a trois espèces de lignes:

La ligne *droite* AB, la ligne *brisée* ACDB, et la ligne *courbe* A *e m* B.

354. *Qu'est-ce qu'un angle?*

Un *angle* est l'ouverture plus ou moins grande déterminée par deux lignes qui se rencontrent en un point A, appelé *sommet* de l'angle ; les lignes AC, AB, en sont les côtés.

La grandeur d'un angle dépend de l'*ouverture* et non de la longueur des côtés.

355. *Qu'appelle-t-on ligne perpendiculaire?*

On nomme *perpendiculaire* une ligne qui en rencontre une autre de manière à former des angles égaux de chaque côté.

La ligne CO est perpendiculaire à la ligne AB.

Les angles égaux formés par une ligne perpendi- culaire à un autre se nomment *angles droits* : AOC, COB, sont des angles droits.

L'angle moins ouvert qu'un angle droit se nomme *angle aigu* : DOB est un angle aigu.

L'angle plus ouvert qu'un angle droit se nomme *angle obtus* : AOD est un angle obtus.

Les angles aigus ou obtus étant variables, ont pour terme de comparaison l'angle droit, qui est inva- riable.

356. *Qu'appelle-t-on lignes parallèles ?*

On appelle *lignes parallèles* deux ou plusieurs lignes qui, situées dans un même plan, ne peuvent se rencontrer à quelque distance qu'on les prolonge : AB, CD, sont deux lignes parallèles.

357. *Qu'est-ce qu'une circonférence ? — un cercle ?*

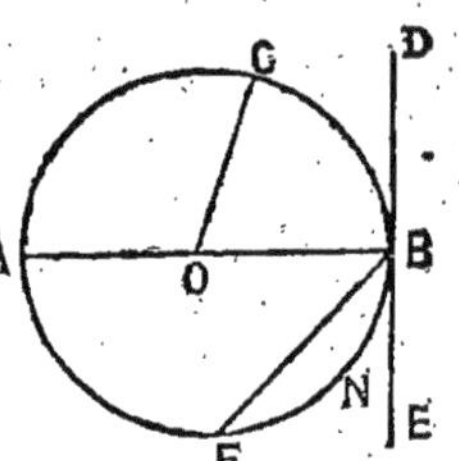

On appelle *circonférence* une ligne courbe dont tous les points sont à égale distance d'un point intérieur appelé *centre*. La ligne courbe ACBF est une circonférence. Le point O en est le centre.

Le *cercle* est la surface renfermée dans la circonférence.

La ligne OC qui mesure la distance du centre à la circonférence se nomme *rayon*. Tous les rayons d'une même circonférence sont égaux.

La ligne AB, qui touche la circonférence en deux points et passe par le centre O, se nomme *diamètre*.

Le diamètre divise le cercle en deux parties égales.

La ligne FB, qui touche la circonférence en deux points sans passer par le centre, se nomme *corde*. Toute corde est plus courte que le diamètre du même cercle.

On nomme *arc* une portion quelconque de la circonférence.

On nomme *secteur* la surface renfermée par deux rayons et un arc ; la portion de cercle AOC est un secteur.

On nomme *segment* la portion de cercle renfermée par un arc et une corde ; la portion de cercle renfermée par la corde F B et l'arc F N B, est un segment.

On nomme *tangente* une ligne DE qui ne touche la circonférence qu'en un seul point B.

558. *Qu'est-ce qu'un polygone ?*

Un *polygone* est une portion de plan terminée de toutes parts par des lignes droites. Ils se distinguent par le nombre de leurs côtés. Nous allons donner la mesure de quelques-uns.

Mesures des surfaces.

559. *Qu'est-ce qu'un triangle?*

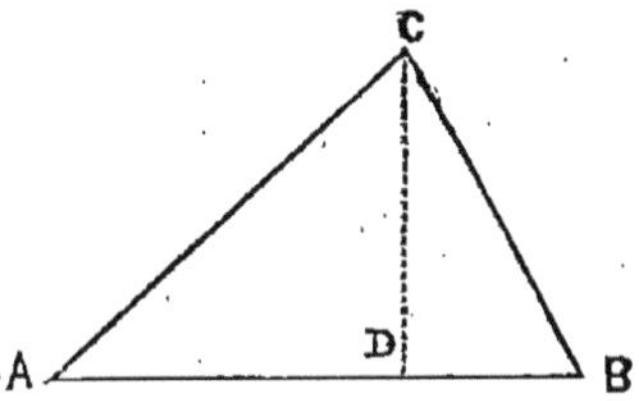

Le *triangle* est un polygone de trois côtés.

ACB est un triangle.

On appelle *hauteur* d'un triangle la perpendiculaire abaissée d'un des sommets des angles sur le côté opposé, pris pour *base*. Dans le triangle ACB, la perpendiculaire CD représente la *hauteur* du triangle, et la ligne AB la *base*.

560. *Comment obtient-on la surface d'un triangle ?*

On obtient la surface d'un triangle en multipliant la base par la hauteur et en prenant la moitié du produit.

La surface d'un triangle peut se représenter par la formule

$$S = \frac{B \times H}{2} \text{ ou } \frac{B}{2} \times H \text{ ou } B \times \frac{H}{2}$$

En supposant B = 8^m, 20; H = 6^m, 50, on aura

$$\text{Surface ou } S = \frac{8^m,20 \times 6^m,50}{2} = 26^{mq}. 65.$$

De la formule $S = \frac{B \times H}{2}$ ou $2S = B \times H$, on tire

$$B = \frac{2S}{H} \text{ et } H = \frac{2S}{B}. \text{ Donc}$$

1° On obtient la base d'un triangle en divisant le double de sa surface par sa hauteur, et 2° on en obtient la hauteur, en divisant de même sa double surface par la longueur de sa base.

361. *Qu'est-ce qu'un quadrilatère ?*

On appelle quadrilatères les polygones de quatre côtés.

362. *Qu'est-ce que le carré ?*

Le carré est un quadrilatère dont les angles sont droits et les côtés égaux.

On appelle *diagonale* une ligne CB qui joint deux angles non adjacents au même côté.

363. *Comment obtient-on la surface d'un carré ?*

On obtient la surface d'un carré en multipliant la longueur d'un côté par elle-même.

Soit le côté AB = 12^m; la surface du carré ABCD sera

12^m × 12^m = 144 mètres carrés ou 1 are 44 centiares.

364. *Comment obtiendrait-on la surface du carré si l'on ne connaissait que la longueur de la diagonale CB ?*

On multiplierait la longueur de la diagonale par elle-même et on prendrait la moitié du produit.

Soit la diagonale CB = 12^m, la surface du carré sera

$$\frac{12^m \times 12^m}{2} = \frac{144}{2} = 72 \text{ mètres carrés.}$$

365. *Qu'est-ce que le rectangle ?*

Le *rectangle* est un quadrilatère qui a ses angles droits sans avoir les côtés égaux.

366. *Quelle est la mesure du rectangle ?*

La mesure du rectangle est égale au produit de sa base par sa hauteur.

Soit la base AB $= 8^m,25$ et la hauteur AC $= 5^m,30$, la surface sera :

$$8^m,25 \times 5^m,30 = 43^{mq},7250.$$

Ce résultat peut se représenter par la formule suivante :

$$S = B \times H, \text{ d'où l'on tire :}$$

$$B = \frac{S}{H} \text{ ou } H = \frac{S}{B} \cdot \text{ D'où il suit :}$$

1° Que la *base* d'un rectangle est égale à la surface divisée par la hauteur, et 2° que la *hauteur* est égale à la surface divisée par la base.

367. *Qu'est-ce que le parallèlogramme ?*

Le *parallèlogramme* est un quadrilatère dont les côtés opposés sont égaux et parallèles.

La hauteur d'un parallèlogramme est la perpendiculaire CE qui joint deux côtés opposés.

368. *Quelle est la mesure du parallèlogramme ?*

La mesure du parallèlogramme est la même que celle du rectangle, qui est aussi un parallèlogramme, c'est-à-dire qu'elle est égale au produit de sa base par sa hauteur.

369. *Qu'est-ce que le trapèze ?*

Le *trapèze* est un quadrilatère dont deux côtés seulement sont parallèles ; ces côtés se nomment les deux bases du trapèze.

La hauteur d'un trapèze est la perpendiculaire CE qui joint les deux côtés parallèles.

370. *Quelle est la mesure du trapèze ?*

Le trapèze a pour mesure le produit de la demi-somme de ses deux bases par sa hauteur.

Soit la base AB $= 18^m$, la base CD $= 12^m$, et la hauteur CE $= 10^m$, on aura surface

$$ACDB = \frac{18+12}{2} \times 10 = 150^{mq}, \text{ ou 1 are 50 cen-}$$

tiares.

Si l'on représente par B et b les deux bases, on aura la formule :

$$S = \frac{B+b}{2} \times H, \text{ d'où l'on tire les autres formules :}$$

$$B = \frac{2S}{H} - b; \; b = \frac{2S}{H} - B \; ; \; H = \frac{2S}{B+b},$$

C'est à dire 1° la grande base est égale à deux fois la surface divisée par la hauteur moins la petite base ; 2° la petite base égale 2 fois la surface divisée par la hauteur, moins la grande base ; 3° la hauteur égale 2 fois la surface divisée par la somme des deux bases.

371. *Comment trouve-t-on la surface d'un polygone quelconque ?*

On peut employer deux méthodes: 1° On décompose le polygone en triangles ; on évalue les surfaces de ces triangles, et on les additionne : la somme est la surface cherchée.

2° On décompose le polygone en trapèzes et en triangles en abaissant des perpendiculaires des divers sommets sur une droite choisie que l'on nomme *directrice*. On évalue successivement les surfaces de ces trapèzes et de ces triangles, on en fait la somme et l'on obtient ainsi la surface demandée.

372. *Comment obtient-on la longueur d'une circonférence lorsque l'on connaît la longueur de son diamètre ?*

Il suffit de multiplier la longueur du diamètre A B par $\frac{22}{7}$ ou par 3,1416.

373. *Comment obtient-on le diamètre lorsqu'on connaît la circonférence ?*

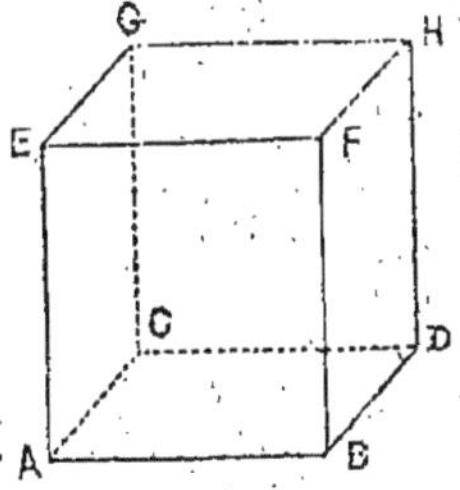

Il suffit de diviser la longueur de la circonférence par $\frac{22}{7}$ ou par 3,1416.

374. *Comment obtient-on la surface d'un cercle ?*

On obtient la surface d'un cercle en multipliant la circonférence par la moitié du rayon ou le $\frac{1}{4}$ du diamètre.

Soit la circonférence ADB $= 12^{m}, 60$; le diamètre A B aura pour longueur $\frac{12^{m},60}{3,1416}$, et la surface sera :

$$\frac{12^{m}, 60 \times 12^{m}, 60}{3,1416 \times 4} = 12^{mq\cdot}, 6336.$$

Mesure des solides.

375. *Qu'est-ce qu'un prisme ?*

Le *prisme* est un solide compris sous plusieurs parallélogrammes, terminé de part et d'autre par deux polygones égaux et parallèles.

La *hauteur* d'un prisme est la distance de ses deux bases, ou la perpendiculaire abaissée d'un point de la base supérieure sur le plan de la base inférieure.

Le prisme qui a pour base un parallélogramme, s'appelle *parallélipipède.*

Un prisme est droit lorsque les côtés AE, BF, etc., sont perpendiculaires aux plans des bases.

Si la base est un rectangle, le prisme est appelé *parallèlipipède rectangle* ; dans ce cas, toutes les faces sont des rectangles.

Parmi les parallèlipipèdes rectangles, on distingue le *cube*, compris sous six carrés égaux.

376. *Quelle est la mesure du prisme ?*

La mesure d'un prisme quelconque est égale au produit de la surface de sa base par sa hauteur.

Si l'on suppose que la base ABCD soit un rectangle et que l'on ait AB = 1^m, 25, AC = 0^m, 75 et la hauteur AE = 1^m, 80, ce parallèlipipède rectangle aura pour volume :

$$1,25 \times 0,75 \times 1,80 = 1 \text{ mètre cube, } 687500.$$

Si la base d'un prisme est une figure quelconque, on pourra toujours la décomposer en triangle pour en trouver la surface, selon que nous l'avons dit pour la mesure des polygones en général, et le volume du prisme sera toujours le produit de la surface totale de la base par la hauteur.

Soit B = 15 mètres carrés, 51, et H = 4^m, 6 ; le volume du prisme sera :

$$15,51 \times 4,6 = 71 \text{ mètres cubes 346 décimètres cubes.}$$

377. *Qu'est-ce qu'une pyramide ?*

On appelle *pyramide* un solide compris entre plusieurs faces triangulaires partant d'un sommet commun et qui vont se terminer aux différents côtés d'un même plan polygonal appelé *base de la pyramide.*

La *hauteur* de la pyramide est la perpendiculaire S O abaissée du sommet S sur le plan de la base, prolongée, s'il est nécessaire.

378. *Quelle est la mesure de la pyramide ?*

Toute pyramide a pour mesure le tiers du produit de sa base par sa hauteur.

Soit B$=2^{mq}$,25, et H$=3^{m}$,10; le volume de la pyramide sera :

$$\frac{2,25 \times 3,10}{3} = 2 \text{ mètres cubes } 325 \text{ décimètres cubes.}$$

379. *Qu'est-ce que le cylindre ?*

Le *cylindre* est le solide produit par la révolution d'un rectangle autour d'un de ses côtés OO qui est *l'axe* ou la *hauteur* du cylindre.

380. *Quelle est la mesure de la surface latérale d'un cylindre.*

La surface latérale d'un cylindre a pour mesure la circonférence de sa base multipliée par sa hauteur.

Si l'on voulait avoir la surface totale du cylindre, il faudrait ajouter la surface des deux bases à celle de la surface latérale.

Soit le rayon AO $= 1^{m}25$ et la hauteur AC $= 1^{m}$ 80 dans le cylindre ABCD. On aura pour la surface latérale :

$$2\text{AO ou AB} \times 3,1416 \times \text{AC ou}$$
$$2,50 \times 3,1416 \times 1,80 = 14^{mq}\text{,}1372 \text{ ;}$$

et pour la surface des deux bases :

$$\text{AO} \times \text{AB} \times 3,1416\text{, ou}$$
$$1,25 \times 2,50 \times 3,1416 = 9^{mq}\text{,}8175.$$

La surface totale du cylindre sera donc :
$$14^{mq}\text{,}1372 + 9^{mq}\text{,}8175 = 23^{mq}\text{,}9547.$$

381. *Quelle est la mesure du volume d'un cylindre ?*

Le *volume* d'un cylindre a pour mesure le produit de la surface de sa base par sa hauteur.

Le volume du cylindre A B C D sera donc :

$$\frac{\text{AB} \times 3,1416 \times \text{AO} \times \text{AC,}}{2} \text{ ou}$$

$$\frac{2,50 \times 3,1416 \times 1,25 \times 1,80}{2} = 17 \text{ mèt. c. } 671\ 500.$$

Toute pyramide vaut donc le tiers du prisme de même base et de même hauteur (378).

382. *Qu'est-ce qu'un cône ?*

On appelle cône le solide produit par la révolution d'un triangle rectangle (triangle ayant un angle droit) S O A, qu'on imagine tourner autour du côté immobile S O.

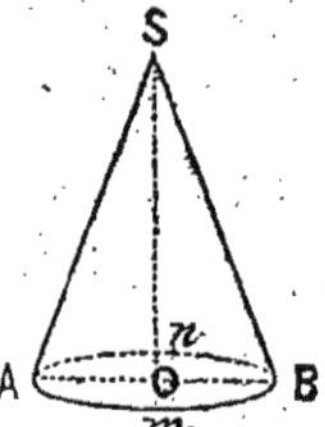

Dans ce mouvement, le côté O A décrit un plan circulaire A *m* B *n* qu'on appelle la *base du cône*, et la ligne S A décrit la *surface latérale de ce cône*.

Le point S s'appelle le *sommet* du cône, S O, *l'axe* ou la *hauteur*, et S A le *côté* ou *l'apothème*.

383. *Quelle est la mesure de la surface latérale d'un cône ?*

La surface latérale d'un cône a pour mesure la circonférence de sa base multipliée par la moitié de son côté ou apothème.

Soit 0^m 75 le côté S A ; 0^m 15 le rayon A O ; la circonférence de la base sera $2 \times 0,15 \times 3,1416$ et la surface latérale du cône S A B aura pour mesure :

$$2 \times 0,15 \times 3,1416 \times \frac{0^m\ 75}{2} \text{ ou } 0,15 \times 3,1416 \times 0,75,$$

c'est-à-dire le produit du rayon de la base par le rapport 3,1416, multiplié par l'apothème :

$$0,15 \times 3,1416 \times 0,75 = 0^{m.\ q.}\ 353430.$$

384. *Quelle est la mesure du volume d'un cône ?*

Le volume d'un cône a pour mesure le produit de la surface de sa base par le tiers de sa hauteur.

385. *Qu'appelle-t-on cône tronqué ?*

Un *cône tronqué*, ou tronc de cône, est la partie qui reste d'un cône quand on en retranche une partie supérieure par un plan.

386. *Quelle est la mesure de la sur-face d'un tronc de cône ?*

La surface latérale du tronc de cône A C D B a pour mesure son côté A C multiplié par la demi-somme des circon-férences de ses deux bases A B, C D.

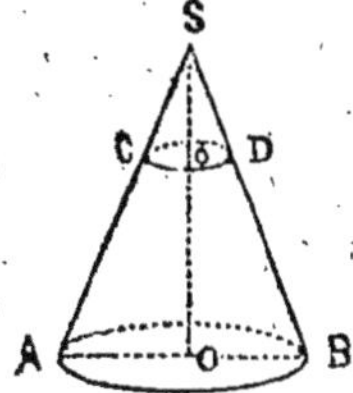

On peut dire encore que la surface d'un tronc de cône a pour mesure son côté multiplié par la cir-conférence d'une section faite à égale distance des deux bases.

387. *Comment obtient-on le volume du tronc de cône ?*

Pour obtenir le volume du tronc de cône, il faut : 1° faire le carré, c'est-à-dire multiplier par lui-même, le rayon de la base inférieure ; 2° faire le carré du rayon de la base supérieure ; 3° faire le produit des deux rayons ; 4° additionner les trois résultats pré-cédents, et 5° multiplier le total par 3,1416 et par le tiers de la hauteur du tronc de cône. On aura :

$$\text{Volume} \ldots \quad V = (R^2 + r^2 + Rr)\, \frac{H \times 3,1416}{3}$$

Supposons que R = 0,32, r = 0,16, H = 0,12, on aura :

$$V = \frac{3,1416 \times 0,12}{3} \times (0,1024 + 0,0256 + 0,0512)$$

ou $1,25664 \times 0,1792 = 0^{\text{m.c.}},225189888$ millimètres cubes.

388. *Qu'est-ce que la sphère ?*

La sphère est un solide terminé par une surface courbe dont tous les points sont également éloignés d'un point intérieur qu'on appelle centre. On peut la considérer comme engendrée par la révolution d'un demi-cercle qui tourne autour de son diamètre.

Toute section faite dans une sphère est un cercle.

On distingue, dans la sphère, les grands cercles et les petits cercles.

Les grands cercles sont ceux qui ont le même centre que la sphère.

389. *Comment obtient-on la surface d'une sphère ?*

On obtient la surface d'une sphère en multipliant son diamètre par la circonférence d'un grand cercle, ou en multipliant le carré de son diamètre par le rapport 3,1416.

590. *Comment obtient-on le volume d'une sphère ?*

On obtient le volume d'une sphère en multipliant la surface de cette sphère par le tiers du rayon.

591. *Comment mesure-t-on la capacité des tonneaux ?*

Quand on ne veut qu'une valeur plus ou moins approximative, on mesure la longueur intérieure du tonneau, le diamètre du fond et celui du bondon.

On prend la demi-somme de ces deux diamètres comme diamètre de la base d'un cylindre ayant la longueur intérieure pour hauteur (381).

Une valeur plus approchée s'obtient en ajoutant au double volume du cylindre décrit sur le plus grand diamètre le volume du cylindre décrit sur le plus petit (la hauteur restant la même) et en prenant le tiers de cette somme.

592. *Que faut-il faire en général pour avoir le volume d'un corps irrégulier ?*

On fait usage des poids spécifiques, selon que nous l'avons déjà dit, ou on les plonge dans un vase rempli d'eau. On pèse ou l'on mesure l'eau déplacée et l'on en déduit le volume de l'objet (274).

FIN.

TABLE DES MATIÈRES

	Pages.
Notions préliminaires	5
Numération des nombres entiers	6
Numération parlée	7
Numération écrite	11
Lecture des nombres entiers	13
Opérations fondamentales	14
Addition	15
Soustraction	19
Multiplication	23
Division	31
Preuves de la multiplication et de la division	39
Conditions de divisibilité	39
Usages de la division	40
Fractions ordinaires	42
Changements qu'éprouve une fraction quand on fait varier ses termes	45
Simplification des fractions	47
Méthode du plus grand commun diviseur	48
Réduction des fractions au même dénominateur	50
Addition des fractions	52
Soustraction des fractions	55
Multiplication des fractions	58
Division des fractions	60
Fractions décimales. — Numération	63
Propriétés des nombres décimaux	65
Addition des nombres décimaux	66
Soustraction des nombres décimaux	67
Multiplication des nombres décimaux	68
Division des nombres décimaux	69

Pages.

Système métrique. — Définitions. 71
Mesures de longueur. 75
Mesures de surface 77
Mesures de volume 81
Mesures de capacité. 83
Mesures de poids. 87
Monnaies. 89
Poids spécifiques. 92
Mesures du temps 95
Des rapports. — De la proportion 98
Problèmes relatifs à la proportion. 102
Règles d'intérêt 105
Règles d'intérêt composé 110
Règles d'escompte 112
Partages proportionnels. 116
Règles de société. 120
Règles de mélange et d'alliage. 123
Fonds publics 130
Application du Système métrique à la mesure des surfaces et des
  solides 138

Lons-le-Saunier, imp. GAUTHIER FRÈRES.

9 782019 985301